"大设计"译丛

重庆市人文社会科学重点研究基地视觉艺术中心规划项目——"设计与社会研究"项目学术成果（项目编号：19ZD09）

重庆市艺科办重点项目"设计历史与研究方法比较"项目学术成果（项目编号：20ZD09）

李敏敏 主编

全球丹宁

Global Denim

【英】丹尼尔·米勒 编
【英】索菲·伍德沃德 编

徐春美 常琳瑶 崔心忱 李萍锐 译

中国纺织出版社有限公司

原文书名：Global Denim

原作者名：Daniel Miller and Sophie Woodward

著作权合同登记号：图字：01-2022-0560

图书在版编目（CIP）数据

全球丹宁 /（英）丹尼尔·米勒，（英）索菲·伍德沃德编；徐春美等译. -- 北京：中国纺织出版社有限公司，2022.7

（“大设计”译丛 / 李敏敏主编）

书名原文：Global Denim

ISBN 978-7-5180-9052-5

Ⅰ. ①全… Ⅱ. ①丹… ②索… ③徐… Ⅲ. ①斜纹织物—研究—世界 Ⅳ. ①TS106.5

中国版本图书馆 CIP 数据核字（2021）第 214967 号

责任编辑：华长印　李淑敏　　特约编辑：渠水清
责任校对：寇晨晨　　责任印制：王艳丽

中国纺织出版社有限公司出版发行
地址：北京市朝阳区百子湾东里 A407 号楼　邮政编码：100124
销售电话：010—67004422　传真：010—87155801
http://www.c-textilep.com
中国纺织出版社天猫旗舰店
官方微博 http://weibo.com/2119887771
北京华联印刷有限公司印刷　各地新华书店经销
2022 年 7 月第 1 版第 1 次印刷
开本：710 × 1000　1/16　印张：15.5
字数：213 千字　定价：128.00 元

凡购本书，如有缺页、倒页、脱页，由本社图书营销中心调换

撰稿人简介

桑德拉・柯蒂斯・科姆斯托克（Sandra Curtis Comstock）目前是哈佛大学（Harvard University）查尔斯・沃伦美国历史研究中心（Charles Warren Center for Studies in American History）的研究员。她在康奈尔大学（Cornell University）完成了博士学位论文《帝国丹宁：蓝色牛仔裤在20世纪美国实力的巩固和转变中的地位》（*Imperial Denim：the place of blue jeans in the consolidation and transformation of American power in the 20th century*），并且曾在西安大略大学（University of Western Ontario）社会学系担任兼职研究教授。

莫里茨・埃格（Moritz Ege）是德国柏林洪堡大学（Humboldt University）欧洲民族学系的博士候选人，也是德国国家学术基金会（German Academic National Foundation）的研究员。他有一本专著论述了20世纪60年代和70年代德国的"非裔美国人偏好"（Afroamericanophilia）、种族和新的主观性（*Schwarz werden."Afroamerikanophilie" in den 1960er und 1970er Jahren*，2007年）。其研究兴趣包括大众文化和亚文化理论，尤其是挪用和制度化的过程；文化的人类学和社会学理论，特别是与美学和城市生活相互交织的文化理论；以及民族志和文化分析的方法。

丹尼尔・米勒（Daniel Miller）是伦敦大学学院人类学系的物质文化教授。最近出版了《物的慰藉》[*The Comfort of Things*，政体出版社（Polity），2008年]、《东西》（*Stuff*，政体出版社，2010年）和《互惠生》[*Au Pair*，政体出版社，2010年，与苏珊娜・伯利科娃（Zuzana Burikova）合著]等书，主编《人类学与个体》[*Anthropology and the Individual*，伯格出版社（Berg），2009年]，并即将出版《脸书故事》（*Tales from Facebook*）、《爱的技术》[*Technologies of Love*，与米尔卡・梅迪恩诺（Mirca Madianou）合著]和《牛仔裤：平凡的艺术》

[*Denim：The Art of Ordinary*，与索菲·伍德沃德合著]。他与索菲·伍德沃德一起创立了全球丹宁项目（Global Denim Project），并与海迪·盖斯马（Haidy Geismar）一起经营"物质世界"博客（materialworldblog）。

玛莲·米斯拉伊（Mylene Mizrahi）于2010年6月在里约热内卢联邦大学（Federal University of Rio de Janeiro）取得文化人类学博士学位。自2002年以来，她在巴西里约热内卢进行了广泛的田野调查，调查对象为放克卡瑞欧卡音乐（Funk Carioca，当地的一种音乐运动）的创作者和观众。其理论关注点包括美学、创造力、连通性以及关于这些主题的物品和图像所起的作用。她写了多篇文章，主题包括物质文化、消费、时装与服饰、宗教与讽刺、相异与模仿等。目前正在准备一部专著，题目暂定为《里约放克美学：与卡特拉先生的创作和联系》（*Rio Funk Aesthetics：Creation and Connectivity with Mr. Catra*）。

博迪尔·伯克拜克·奥利森（Bodil Birkebæk Olesen）是丹麦奥胡斯大学（Aarhus University）人类学系的博士后研究员，并且是东英吉利大学（University of East Anglia）非洲、大洋洲和美洲艺术塞恩斯伯里研究部（Sainsbury Research Unit for the Arts of Africa，Oceania and the Americas）的助理研究员。主要聚焦于西非地区（West Africa），并在那里完成了她关于马里（Mali）泥浆染布（bogolan cloth）研究的博士论文。曾在北美地区进行民族志田野调查。她的研究和发表的作品关注的是艺术与物质文化、博物馆人类学、经济人类学，以及布料、纺织品和服饰。

罗萨娜·皮涅伊罗-马沙多（Rosana Pinheiro-Machado）是巴西广告与市场营销学院（College of Advertising and Marketing，缩写为ESPM/RS）的人类学讲师，拥有巴西南大河州联邦大学（Federal University of Rio Grande do Sul）的社会人类学博士学位，专门研究中国和拉丁美洲社会的民族志。在过去的十年中，一直在这两个地区进行多地点实地考察。发表过的文章主题包括社会不平等、新兴经济体中的资本主义、关系、非正规经济、亲情与移民、合法性与非法性、人权、全球化、假货和品牌等。

罗伯塔·萨萨泰利（Roberta Sassatelli）是米兰大学（Università degli Studi di Milano）社会与政治研究系的文化社会学副教授，曾在英国东英吉利大学和意大利博洛尼亚大学（University of Bologna）任教。发表的作品主题广泛，包括消费文化、身体社会学、性别和性征、文化理论等。撰写的英文著作包括《消费文化：历史、理论与政治》[*Consumer Culture*：*History*，*Theory*，*Politics*，赛奇出版社（Sage），2007 年] 和《健身文化：体育馆以及训练和娱乐的商业化》[*Fitness Culture*：*The Gym and the Commercialization of Discipline and Fun*，帕尔格雷夫出版社（Palgrave），2010 年]。

克莱尔·M. 威尔金森-韦伯（Clare M. Wilkinson-Weber）曾就读于杜伦大学（Durham University），并在宾夕法尼亚大学（University of Pennsylvania）取得人类学博士学位。研究兴趣包括物质文化、性别和媒体制作。主要在印度工作，重点关注当地艺术实践中的创意构想和技巧，并致力转变印地语电影产业中的审美和社会模式。在《视觉人类学评论》（*Visual Anthropology Review*）、《人类学季刊》（*Anthropological Quarterly*）和《物质文化杂志》（*Journal of Material Culture*）等期刊上发表过文章。其著作《刺绣生活：勒克瑙刺绣行业中的女性工作和技能》（*Embroidering Lives*：*Women's Work and Skill in the Lucknow Embroidery Industry*）由纽约州立大学出版社（SUNY）于 1999 年出版。目前正在撰写另一本著作，题目为《塑造宝莱坞：印地语电影服装的制作和意义》（*Fashioning Bollywood*：*The Making and Meaning of Hindi Film Costume*）。

索菲·伍德沃德（Sophie Woodward）是曼彻斯特大学（University of Manchester）的社会学讲师，致力研究物质文化、消费和服饰，并且对女权主义理论和创新方法学有着持续的兴趣。目前正在进一步研究个人生活和亲密关系。撰写的书籍包括《女性为什么这样穿衣服》[*Why Women Wear What They Wear*，伯格出版社，2007 年] 和《女权主义缘何重要》[*Why Feminism*

Matters，帕尔格雷夫出版社，2009 年，与凯斯·伍德沃德（Kath Woodward）合著]。即将出版《牛仔裤：平凡的艺术》(*Denim*：*The Art of Ordinary*，与丹尼尔·米勒合著)，以及《纺织》(*Textile*) 杂志的编辑特刊。与丹尼尔·米勒教授一起创建了全球丹宁项目。

目　录

引言

丹尼尔·米勒　索菲·伍德沃德

牛仔裤遍布全球的说法并不夸张，就如同牛仔裤的穿着一样平常，其生产、设计和贸易显然遍布全球。但是，随着全球丹宁项目的启动，我们越来越多地意识到牛仔裤非凡的全球影响力。每次出国参加会议时，丹尼尔·米勒都会随机统计大街上经过他身旁的100名行人，看看有多少人穿着蓝色牛仔裤。他在许多地方都这样做过，包括首尔、北京、伊斯坦布尔、里约等地。根据这些观察结果，以及一些全球丹宁调查[思维公司（Synovate），2008年]，我们认为世界上大多数国家的大多数人每天都穿着蓝色牛仔裤（南亚地区和中国大量的农村人口未计算在内）。然而,尽管牛仔裤在全球随处可见,对牛仔裤的学术关注却极度欠缺。《时装理论》（*Fashion Theory*）杂志出版了12年，却没有一篇文章专门探讨牛仔裤主题。而且，除了历史类著作外，从社会科学角度针对牛仔裤主题进行的写作都很少。

现有针对牛仔裤的研究包括纺织技术、市场营销和消费者感知、全球牛仔裤市场，以及历史研究等领域。第一，纺织化学和技术领域的研究分析了织物材料性能的方方面面[塔尔汉（Tarhan）和萨西西科（Sarsiisik），2009年]，因为这与牛仔裤质量休戚相关[乔杜里（Chowdhary），2002年]，包括染色[卡德（Card）等，2005年]以及牛仔裤产品的回收利用[霍利（Hawley），2006年]；第二，现有研究还包括市场营销和品牌推广领域的文献，这些文献研究了消费者对牛仔裤及其品牌的看法，因为这与特定地区有关[吴（Wu）和德朗（Delong），2006年]；第三，现有文献包括关于牛仔裤生产和劳动条件的论文[贝尔（Bair）和格里菲（Gereffi），2001年；贝尔和彼得斯（Peters），2006年；

克鲁（Crewe），2004年；托卡特利（Tokatli），2007年；托卡特利和基齐尔根（Kızılgün），2004年]。

关于牛仔裤研究的最后一个领域也许也是最大的领域，包括有关牛仔裤的历史图像研究的书籍[芬利森(Finlayson),1990年；马什(Marsh)和特林卡（Trynka），2002年；苏里文（Sullivan），2006年]以及蓝色牛仔裤成为美国符号的方式。这种符号与特定的时代和价值观相关[赖克斯（Reichs），1970年]，也是流行文化的一部分。反过来，正是这种被普遍接受的历史叙事解释了蓝色牛仔裤为何变得无处不在，就好像这是某种常识一样。在现有文献中，很少有非历史性的社会科学著作，特别是定性研究著作或者民族志著作。菲斯克（Fiske，1989年）论述了牛仔裤作为一种媒介，其含义和穿着如何遭到质疑。通过这种媒介，人们体验到大众文化的矛盾之处，而这一点与美国精神（American-ness）有着特定的关系。本书采用民族志的研究方法，但同时也努力研究清楚全球状况。需要指出的是，当我们说“全球”时，并不是说本书内容包含了世界上的每一个国家，要把每个国家都涵盖进来超出了一本合集的范围。例如，本书就没有收录关于非洲或者中东地区国家的论文[尽管汉森（Hansen）2005年的著作表明了牛仔裤在赞比亚（Zambia）的重要性]。

似乎有很多的著作和论文都专注研究知名设计师设计的服装，而这些服装主要适合时装表演，之后也很少有人会穿着。与此相比，缺乏对牛仔裤的社会科学研究这一点尤其值得关注。这表明在服装和时装研究的核心中有一个悖论：在这类研究中，服装的重要性可能与服装制品对整个人口的重要性成反比。本书尝试将人们的注意力从壮观轰动的事物转移到主流事物和日常事物。在启动全球丹宁项目的论文中（米勒和伍德沃德，2007年），我们认为“显而不易见之物”这一贴切短语说的就是牛仔裤。也就是说，某些事情已完全被视为理所当然，无处不在，以至于我们忽视了它们的存在和重要性。这样说来，蓝色牛仔裤有效地主导了当代服装，而本书则是有史以来第一本专门针对蓝色牛仔裤这一全球现象而出版发行的专著。

当然，仅仅因为某事物的存在就建议学者去研究该事物，这种主张并不是特别具有吸引力。而且，在本书引言中，我们提出的观点跟以往相比真是大相径庭。我们认为对牛仔裤的研究，尤其是对蓝色牛仔裤的研究特别重要，它为我们提供了时尚和服装研究方面的深刻见解和发展状况，这是研究其他任何主题都不太可能有的收获。从人类学的角度来看，我们倾向于认为广泛存在的事物并不无聊，也并非理所当然，而是从更普遍的角度理解我们与世界之间关系的重要出发点。

此外，本书对牛仔裤的讨论尤其侧重其全球性，因为这一独特的视角具有许多优势，能够扩展我们对牛仔裤的整体认知，以说明我们如何在理解牛仔裤作为一种全球性现象存在的同时，也能理解其存在所具有的具体性和独特性。我们在牛仔裤研究宣言文章中指出，作为社会科学家，尤其是人类学家，我们的解释取决于当地情况的细微差别。也就是说，我们先要了解韩国人与阿根廷人的哪些做法不同，上层阶级与下层阶级的哪些做法不同，商店店员与工厂工人的哪些做法不同，然后在此基础之上再作出解释。问题在于，这些更具地方性的研究都无法帮助我们解释诸如牛仔裤之类的全球性现象的存在。对于全球性现象的解释一定不仅仅是事物存在的地方性原因的总和。

正是这个问题催生了全球丹宁项目。人们已经充分认识到，要真正了解全球牛仔裤，目前学术界所进行的研究和方法还不够。我们需要一些截然不同的东西。自该项目开展以来，我们一直在寻求新的方法来构思和展开学术研究，以适应我们试图解释的这一现象的庞大规模。我们认为，要想针对牛仔裤的调查能够提供深刻的见解，需要将来自不同地方和学科的人们召集在一起，围绕牛仔裤这一特定问题进行共同研究。我们大致基于一种“开源”学术贡献模型，创建了一个旨在实现这一目标的体系。诚然，这样做的部分原因在于我们只有一小笔研究经费可以用于这项共同的民族志研究的整理工作，除此之外，我们两人都还没能为这个包罗万象的全球丹宁项目筹集到任何资金。但是，在这种情况下，需求是发明之母：我们有效地利用互联网创建了一个自称为“全球丹宁”项目的实体，邀请任何对进一步了解这一现象非常感兴趣的人加入。我们并没有实际的正式组织，而是一致认可要组织和促进相互合作与辩论。

我们希望这种情况会持续数年，不过，这次合作已经取得了明确的成果，而本书正是要传播这些成果。如果说牛仔裤研究宣言为全球丹宁项目奠定了基础，本书将巩固我们的基础架构，并为下一步的研究做好准备。

向全世界发出随机的倡议是一种冒险。理想情况下，我们希望让来自不同学科的人员参与该项目，并在广泛的领域中处理多层次的问题。令人惊讶的是，这样的事情真的就发生了。本书中的所有论文均来自欣然回应此倡议的学者，但接受此倡议的远不止他们，截至 2010 年 6 月 11 日，已经有 20 多项致力于牛仔裤的独立研究。其中一些研究在本项目开始之前就已经存在，而其他研究则是根据本项目提出的挑战而设计的。这些学者除了本书的撰稿人以外，还包括历史学家、社会学家、地理学家和人类学家，涵盖了土耳其、日本和瑞典等国家。本书专注于那些帮助我们将高度地方化和全球化的现象所具有的同时性集中起来的事件。除了本书之外，我们也正在为《纺织》杂志（2011 年）编写另一期特刊，着重于纺织品本身及其含义。对于未来，我们正在讨论进行此类工作的更激进的方式，包括从真正的开源角度以维基（Wiki）的风格进行写作，而不是以具名作者的形式写作。

然而，无论牛仔裤主题最初采用的方法、意图和观点是什么，该系列研究的价值最终都体现在这些研究为我们理解全球牛仔裤所提供的独到见解。要弄懂这一点，我们建议简要回顾一下最初宣言文章中提出的一些基本理论问题，然后再根据本书中各章节报告的实际发现来看这些问题是如何发展的。首先，宣言文章包括以下问题：我们如何把全球和当地对服装的解释联系起来？我们如何解释“显而不易见之物”这一问题？其次，我们研究了全球牛仔裤对全球同质化的影响——如果说有影响的话。我们提出的第三个问题是特别从伍德沃德（2007 年）的著作中推论出来的，即现代性的某些方面是否会引起相同的回应。例如，人们对世界全球化日益增长的意识与他们在选择服装时感到的焦虑是否有关？这是否会反过来导致他们将牛仔裤作为默认着装？因为他们害怕任何更显眼或更独特的东西 [克拉克（Clarke）和米勒，2002 年；伍德沃德，2005 年；伍德沃德，2007 年]。

我们提出的第四个问题源自对牛仔裤这一独特事物的观察，因为关注牛仔裤的原因并不完全取决于牛仔裤的全球性存在。牛仔裤在其他几个方面也是独具特色的，其中最显著的特点是牛仔裤与做旧处理之间的关系。我们注意到，做旧牛仔裤始于 20 世纪 70 年代，当时牛仔裤成为最具个性和私密性的服装，因为当时的流浪人士和相对贫困的嬉皮士一直穿着牛仔裤，牛仔裤几乎与他们融为一体，直到牛仔裤破烂不堪，无法穿着。在此期间，牛仔裤也变得更加柔软，更具个性化。矛盾的是，当蓝色牛仔裤成为全球性服装时，它们同时也成为特定个性最成熟的表达方式。最后，我们也提出了质疑：针对这些问题，来自不同学科和地区的项目之间的协作是否存在某种“增值”，并以此构成一个高度自觉的全球丹宁项目？这种情况又能如何帮助我们应对这些更大的问题？

如果把这些问题的含义，以及对牛仔裤进行的初步分析概括为一种服装现象，有证据表明，牛仔裤似乎表达了与不断变化的世界相关的某些事情，而其他服装则无法做到这一点。就像世界本身在不断发展一样，牛仔裤似乎也在不断发展。世界越全球化，牛仔裤就越全球化，而且世界为个人和私密性创造的领域越多，就越适合牛仔裤全球化。人们越是想要设法不让生活中的个性和全球性两个极端分道扬镳，他们就会越多地穿着牛仔裤，同时保有本地体验和全球体验。从某种程度上说，牛仔裤可能只是一条裤子，但是它们表现出了三个非凡的特征：牛仔裤是世界上最全球化的服装之一；它们有能力成为世界上最具私密性的服装；对于不确定要穿哪种衣服的人来说，牛仔裤已经成为默认着装。要理解这三点，我们必须从它们之间的关系入手。例如，牛仔裤的磨损说明牛仔裤被我们穿旧，并由此变得私密化和个性化，而这种现象之所以存在，正是因为牛仔裤同时具有全球化的特征。

这些说法听起来有点笼统。有人可能会说穿衬衫同样具有全球性，而蓝色牛仔裤之所以具有如此显著的普遍性，与其独特的颜色和面料有关。也有人可能会说内衣肯定比牛仔裤更私密。但是我们认为，虽然内衣与身体之间的关系更加密切，但正是牛仔裤的磨损使得服装相对于穿着者来说逐渐具有了个性化特征，并由此让牛仔裤具有了内衣所没有的私密性。我们认为牛仔裤是默认着装，这种观点是根据伍德沃德在伦敦的实地调查得出的，至于这一观点是否适用于现在的墨西哥老年人，我们无从得知。不过，我们确信牛仔裤对于某些地方的人来说明显具有这三个非凡特征，至少对于伦敦人而言，两者是直接相关的。因此，有理由断言，要了解牛仔裤，我们只需要问自己为什么同样的服装会具有所有这些特征。

作为人类学家，我们关注牛仔裤就像克洛德·列维－斯特劳斯（Claude Levi–Strauss，人类学家，1966 年；他与牛仔裤设计师李维·斯特劳斯没有任何关系）关注神话一样。牛仔裤并不是哲学的明确表述，但事实上，牛仔裤可能会实现哲学正在努力实现的目标。牛仔裤并没有抽象而理性地表达这类难题，而是以实际的方式部分上解决了它们。牛仔裤的磨损体现出的个性意义中同时具有全球性和私密性，蓝色牛仔裤以这种方式说明了在什么程度上我们这些牛仔裤穿着者可以同时具有最大限度的全球性和私密性。穿上牛仔裤并没有让两者相互矛盾，而是使两者感觉能够共存。此处的“感觉”一词非常重要，因为大多数人正在找寻的并不是抽象的哲学，而是一种能够让自己真正对自身和对世界感觉更好的方法。一件衣服最适合此目的。牛仔裤若要做到这一点，就需要充当一种物质文化［库赫勒（Kuchler）和米勒，2005 年；米勒，2010 年］，类似于那些哲学上的契约，而牛仔裤的无处不在也恰好证明了它们的确能做到这一点。

如果说宣言文章中已经表达或者暗示了这些主张，那么针对这些主张，本书的目的何在？答案在于学术研究中必不可少的辩证法，让我们在特定事物和一般事物之间反复游走。现在，我们可以非常笼统地说明蓝色牛仔裤对于现代世界的某些意义。这种类似哲学的高度概括的陈述也许能满足一些学术兴趣，但我们不是哲学家，而是服装和时尚的研究者，是社会科学家和历史学家，我们特别关注所研究的特定人群。所以，我们都不会满足于这些抽象层面的主张。对我们来说，只有解决了怀疑论者可能对这种哲学阐释提出的“那又如何？”这类问题，才算是完成了我们的探究要点。那么，从总体上对于研究人群的生活和经历有了新的认识之后，我们又如何回到具体的研究领域和人群呢？尽管我们可能会用牛仔裤来表达我们与全球的关系，但同时，我们也具有地方性的特点，我们的主要关注点也始终是这些更为具体的事务。

当代世界自相矛盾之处不断增多——世界在变得日益全球化的同时，也变得日益个性化。在表达以及在某种程度上解决这些矛盾方面，牛仔裤的非凡意义已得到确定，所以，本书要直接解决的就是“那又如何？”这个问题。例如，我们计划指出对于特定人群来说个性化意味着什么，全球化意味着什么，又会如何影响这些人的特殊经历。在这一点上，全球牛仔裤不再是一个被忽视的服装研究领域。相反，它是全球主题的典型案例，是学术理解的问题，因而对当代学术界来说就是一个挑战。它暗示着牛仔裤有可能催化新形式的研究和新观点的出现。

考虑到项目规模和全球牛仔裤本身的规模，我们无法对所提出的问题提供全面的答案。相反，本书最初致力于开展对话，开启对这个新领域的设想，并承诺未来会针对牛仔裤进行研究与合作。我们希望本书能对更广泛的服装和时尚研究产生影响，从而说服其从业者认识到此研究的重要性。本书可以证明对牛仔裤的研究不仅有助于理解人们日常主要穿着的服装，而且有助于回答与我们在当今世界中的身份有关的许多关键问题。

全球牛仔裤的现状[①]

在全球范围内了解牛仔裤是非常重要的，原因之一是牛仔裤不仅存在于世界上绝大多数国家，而且，牛仔裤已经成为一种世界各国普遍穿着的服装，一项针对牛仔裤穿着的全球牛仔裤调查表明了这一点。[②]2008年的全球平均水平（更准确地说是此调查中所选各国的平均水平）是人均每周穿牛仔裤 3.5 天 [全球生活方式调查（Global Lifestyle Monitor），2008 年]，其中德国人均每周穿牛仔裤的时间最长，高达 5.2 天（平均每人拥有 8.6 条牛仔裤）。在同样的国家样本中，超过 62% 的消费者说他们喜欢穿牛仔裤，比例最高的是巴西（72%）和哥伦比亚（Colombia），两个国家。相比之下，在印度，只有 27% 的人表示他们喜欢穿牛仔裤。根据最近对所选国家进行的另一项调查（思维公司，2008 年）显示，31% 的受访者拥有 3~4 条牛仔裤，29% 的受访者拥有 5~10 条牛仔裤。在巴西有 14% 的受访者拥有 10 条以上牛仔裤，而 40% 的受访者拥有 5~10 条牛仔裤。相比之下，没有牛仔裤的人数相对较低，例如，俄罗斯有 13% 的人没有牛仔裤，而马来西亚（Malaysia）的这一数字则达到了 29%。

尽管所有这些国家中的大多数人普遍都穿着牛仔裤，但显然存在国家差异，尤其体现在人们愿意花多少钱买一条牛仔裤上。大多数人单条牛仔裤的价格不超过 80 美元（占所有受访者的 70%）。有趣的是，美国人在牛仔裤上的支出最低。调查显示，76% 的美国人愿意花在一条牛仔裤上的费用不超过 40 美元；而在俄罗斯，有 26% 的人愿意花费 120 美元或更多钱买一条牛仔裤，其中 10% 的人花费超过 200 美元，5% 的人则花费了 280 美元或更多；在塞尔维亚 25% 的人愿意花费 120 美元以上购买一条牛仔裤，显然，至少有一些人也愿意花更多的钱买一条牛仔裤。价格问题在英国表现尤其明显，在 2007 年的一项调查中 [英敏特公司（Mintel），2007 年]，有 63% 的人表示他们最新购买的一条牛仔裤花费不到 30 英镑（约 47 美元），只有 3% 的人花费超过 70 英镑（约 109 美元）。牛仔裤的价格相差极大，因此购买牛仔裤的地方也不尽相同，有超市、平价商店 [如普里马克（Primark）], 也有高端的名牌牛仔裤销售店，其牛仔裤售价超过了 250 英镑（约 389 美元）。正因如此，牛仔裤的大众化程度不断提高，即使是收入最低的人也买得起牛仔裤。但是，与此同时，牛仔裤的价格变化幅度很大，这意味着牛仔裤同时也能表明社会和阶级差异。

在宣言文章中提出的主要论据之一是：牛仔裤既是对诸如时尚之类的资本压力的接受，也是对这种压力的反驳。如今，牛仔裤的核心风格与 19 世纪末期的第一批李维斯牛仔裤（Levi’s）基本相同。在思维公司 2008 年的调查中，当被问及为什么选择牛仔裤时，人们回复最多的是因为牛仔裤的质量（占调查人数的 39%），其次是费用（占调查人数的

22%）。尽管在一些国家（11%的俄罗斯人和10%的法国人）“牛仔裤很时髦”的说法被视为一种特色，但在总体回复中比例并不显著。虽然在时尚和服装研究中一直强调名牌牛仔裤的增长，但实际上，影响更大人群的重大发展一直是超市牛仔裤的增长或者诸如普里马克之类的折扣店牛仔裤的增长。即使在名牌牛仔裤市场，也存在明显的复杂性，例如，土耳其牛仔裤生产的扩张以及承包和分包牛仔裤品牌的复杂网络，包括这些牛仔裤生产国的几个本地品牌的出现（托卡特利和基齐尔根，2004年）。其重点在于主要的扩张来自利润最低且与时尚最不相关的细分市场。

因此，牛仔裤基本款式的连续性与牛仔裤行业的变化齐头并进，例如，全球牛仔裤贸易和生产地点的变化。在英国，2003—2007年，随着英国牛仔裤生产量的持续下滑，牛仔裤的进口量快速增长。2006年，英国进口了4100万条男式牛仔裤和4300万条女式牛仔裤（英敏特公司，2007年）。英国的牛仔裤供应来源也发生了变化，2003年，只有53%的男式牛仔裤和64%的女式牛仔裤是从亚洲进口的。而到了2006年，70%的男式牛仔裤和81%的女式牛仔裤都是从亚洲进口的。作为生产来源国，中国日益占据主导地位[李（Li），姚（Yao）和杨（Young），2003年]。这一点在牛仔裤市场表现的似乎很明显，就像在其他许多市场一样。

牛仔裤市场变化的关键特征是贸易协议的变化。以叙利亚（Syria）为例，2005年的大阿拉伯自由贸易区（Greater Arab Free Trade Area，缩写为GAFTA）允许在其他阿拉伯国家制造的服装和从其他阿拉伯国家进口的服装进入叙利亚原先受保护的零售部门[国际通讯社（International News Service），2008年]。结果，许多国际品牌，例如，贝纳通（Benetton）或60年代小姐（Miss Sixty，中东地区制造）都可以进入该国。尽管如此，由于许多人的收入水平很低，当地生产的品牌仍然占主导地位。就美国而言，由于北美自由贸易协定（NAFTA，一项北美的贸易协定），大量牛仔裤改从墨西哥进口，欧洲对美国的牛仔裤供应量从占比83%下降到7%[李，姚和杨，2003年：第20页]，蓝色牛仔裤也因此成为墨西哥最重要的出口商品（贝尔和彼得斯，2006年：第210页）。同样，中国牛仔裤的生产也正在迅速发展，现在已经有超过 1000 家公司（李，姚和杨，2003 年），香港也成为重要的代理地。在牛仔裤市场的这些变化之中，土耳其已成为主要参与者，在欧洲、俄罗斯和中东都拥有重要的出口市场（国际通讯社，2008 年）。

在牛仔裤的相对流行中，也能明显看出牛仔裤在生产和进出口方面的变化。牛仔裤并非一直保持流行势头，英国 20 世纪 90 年代牛仔裤销售的暴跌就证明了这一点。不过，对我们而言，最重要的是近年来牛仔裤作为日常穿着之选越来越占据主导地位。2007 年，仅在英国，每秒钟就会售出 3 条牛仔裤（英敏特公司，2007 年）——当年大约有 8600 万条牛仔裤的销量，与之前五年的销售总量相比增加了 40%。简而言之，在主要市场中，牛仔裤不仅无处不在，它在日常服装中的主导地位似乎还在不断加强。

全球牛仔裤的起源和影响

显然，并非世界各地的人都在穿牛仔裤，牛仔裤也不是唯一获得全球知名度的服装。但是这些统计数字都证明了全球丹宁项目的出发点和原因：就纺织品和有色牛仔裤而言，蓝色牛仔裤这一服装已经在全球范围内取得了令人震惊的发展。既然事实如此明显，那么危险之处就在于这一点接下来会变得理所当然，成为这个世界的既定特征，并且似乎在某种程度上不可避免。这种情况成为一种常识，如果竟然有人愿意询问或者回答牛仔裤为何无处不在这一问题的话，通常只会有简单的叙述来解释原因。就牛仔裤而言，这一常识源于牛仔裤逐渐成为美国符号的流行历史，这一美国符号使得牛仔裤在全球的传播逐渐显得势不可当（苏里文，2006 年）。

我们在进行伦敦民族志研究时提出了一个基本问题："为什么蓝色牛仔裤是蓝色的？"几乎没人能回答这个问题。毫无疑问，显然可以由此开启我们的叙述。碰巧的是，在史前时期或者早期历史时期，就是这种相同的蓝色无处不在，就像在当今世界一样 [巴尔福·保罗（Balfour-

Paul），1998 年］。靛蓝是独一无二的，因为它是唯一常用的，不需要某种媒染剂或者固色剂即可给织物上色的天然染料。靛蓝不溶于水，这是其作为染料的优点之一，也因此用法并不简单，不过与其他替代品相比，靛蓝使用起来还是更容易一些。由于世界上大多数地区都能找到靛蓝以及与其密切相关的植物——菘蓝，因此靛蓝很可能主导了世界上大多数地区的早期服装。但是，并不能因此就认为蓝色在当代的普遍性就代表了其在历史上的普遍性。纵观世界各地不同历史时期的绘画，很明显，在中间有几个时期，靛蓝并不那么突出，也没有受到特别青睐。

即使我们将叙述范围缩小，回到牛仔裤作为美国图像志的一部分这个流行概念，本书也使我们至少有理由挑战一些通俗的说法。最广为人知的说法（如马什和特林卡，2002 年）包括作为工作服的牛仔裤，也包括詹姆斯·迪恩（James Dean）和马龙·白兰度（Marlon Brando）所扮演的格格不入的青年的行为，这使得牛仔裤成了 20 世纪 50 年代青年运动的关键，而该运动也让牛仔裤成为美国符号。科姆斯托克撰写的那篇文章则揭示了这一叙述的早期基础，该叙述将牛仔裤确立为平等主义的象征，也将其视为共同的痛苦遭遇，可以打动大萧条之后的中产阶级和工人阶级。

按照科姆斯托克的说法，牛仔裤成为美国的显著符号，形成这一全球性现象的首要标志实际上是各种力量的结合，而这种结合几乎是偶然形成的，非常脆弱。这些力量不一定是由商业利益所定义的生产力量，也不一定是被定义为消费者欲望的消费力量，而是国家对生产的影响力以及大众文化对消费的影响力。科姆斯托克观点的核心在于，引起这种反应的原因不是贸易的扩张，而是贸易的中断，特别是大萧条引起的贸易中断。这种反应可能表现为劳动力的变化和对进口产品的限制，也可能表现为对流行文化［如斯坦贝克（Steinbeck）的《愤怒的葡萄》（*The Grapes of Wrath*）］中描述的苦难所产生的共鸣。科姆斯托克的文章从根本上改变了在牛仔裤的历史方面公认的说法。此外，科姆斯托克还表明，牛仔裤成功的关键在于其新出现的模糊性和柔韧性，使其成为多样性和稳定性的表现方式，在随后的许多章节中，这一因素都是重点。

如此一来，本书的第一篇文章就已经使我们的研究与之前对于牛仔裤的研究区别开来。关于牛仔裤如何统治现代世界的“神话”，或者更确切地说是“原来如此的故事”，不断重复，最后却被证明在某种程度上被扭曲了。事情不再显得如此不可避免，如此理所当然。本书致力学术研究，我们有幸从一开始就简单有效地推翻了思虑不周的一种说法，并提供了更为细致入微的说法作为替代。由威尔金森－韦伯撰写的第二篇文章与科姆斯托克的观点具有一些有趣的相似之处：如果科姆斯托克研究的是牛仔裤在20世纪30年代如何成为主流，那么，威尔金森－韦伯研究的则是当今印度相似的情况。此外，对于到底是消费欲望还是生产需求推动了牛仔服的成功，两篇文章都拒绝简单的判断。在这两篇文章中，流行文化和电影的作用都非常关键，该领域具有独立性和自己的关注点，印度的情况尤其如此。在印度，许多具体的影响和制约因素使宝莱坞（Bollywood）凭借自身形成了一种微文化，具有自己的供应链，也有自己的品位决策者。

不同之处在于印度的商业与电影业之间关系更明显，这不仅体现在植入式广告上，还体现在重要电影男女主角在牛仔裤的广告和营销中发挥的核心作用上。例如，在喀拉拉邦（Kerala），牛仔裤广告或多或少是重要电影明星的代名词。因此，将威尔金森－韦伯的观点与米勒的文章中对坎努尔城（Kannur）的讨论联系起来非常重要，原因在于，诸如阿克谢·库玛尔（Akshay Kumar）等明星出席各类高度性感化的活动场合，让印度那些远离大都市的偏远地区的人们清楚了解到牛仔裤的流行会威胁到什么，了解到以各种方式抵制牛仔裤的重要性。显然，本书无意提供关于蓝色牛仔裤如何占领世界的全面历史记录。但是，科姆斯托克修正了美国牛仔裤发展的关键时机，威尔金森－韦伯充分了解了牛仔裤在当代印度市场上的发展方式，结合两人的见解就可以知道该如何完成这种具有综合性和学术性的阐释，也可以了解这样的阐释如何将更具体的区域性故事与主流故事联系起来，而这些主流故事正流向当今世界所处的牛仔裤的汪洋大海。

对于本书来说，即使是改写牛仔裤的历史，也只是为了实现更宏大的目标，而正是“那又如何呢？”这种一直都有的怀疑论观点启发了这个宏大目标的形成。我们认为，如果牛仔裤的普遍性有其原因，那么也一定有其结果，最好把两者直接放在一起来理解。本书要做的就是把科姆斯托克和威尔金森 – 韦伯的文章与奥利森等人针锋相对的文章相提并论。由于本书讨论的起点正好是美国范围内牛仔裤的普遍存在，所以说如果没有科姆斯托克提出的牛仔裤的发展路径，奥利森的观点就毫无意义。即使我们反对牛仔裤在其他地方代表着美国化这一看法，但还是得承认，牛仔裤作为代表集体性的一种元符号，已经在美国取得了重要地位，而这也正是奥利森想证明的内容。她指出，尤其是牛仔裤被当作是工作场所的集体性与表达更大社会整体的愿望之间的纽带，这种更大的社会整体既体现在慈善行为之中，也体现在回收利用牛仔裤所表达出的对环境的关注之中。奥利森由此说明如何利用作为超然符号的牛仔裤所取得的地位，使其成为人们履行自己对整个地球所做承诺的媒介。

奥利森的文章显示，牛仔裤之所以成为美国特色，原因之一是它们利用了一种非常独特的美国个人主义观念。例如，美国的五旬节派（Pentecostalism）就明确体现了个人层面与伦理和精神层面之间的关系。我们往往认为牛仔裤代表着美国的资本主义，但实际上，很难想象会有比奥利利的文章更完美的例子来表现美国的个人和社会之间的关系。法国作家亚历克西・德・托克维尔（Alexis de Tocqueville）早在 19 世纪 30 年代，即现代资本主义发展之前，就已记录下这种关系。因此，尽管奥利森说明了现代企业如何有效地利用了这种关系，但其来源远不只是商业目的。如此说来，回收利用牛仔裤体现了道德层面具有更深刻的意识形态方面的反思。

如果我们试图匹配因果关系，就很可能会发现普遍性也会引发排斥反应。无论在印度还是在美国，一旦牛仔裤与世界主义的传播充分关联，就会成为保守主义客观化的理想选择。正是在这个方面，米勒的文章想要平衡先前对牛仔裤的兴起和传播的关注。在喀拉拉邦的一个小镇上，米勒向人们展示了牛仔裤是如何与广泛的社会因素联系在一起的。从学步儿童适合穿艳丽的牛仔裤到年长者不适合把牛仔裤作为行政装，从年轻女孩适合穿牛仔裤到已婚妇女不适合穿牛仔裤，都体现了明显的变化。穆斯林的牛仔裤具有更精美的装饰，印度人的牛仔裤则更为单调乏味，这两种联想之间的对立性与日俱增。而所有这一切又反过来促成了坎努尔城自身创造的一种新的保守主义。根据这种保守主义，如今与牛仔裤穿着相关的外部世界正好与该城的相对稳定性和价值观相似。重要的是，要了解全球牛仔裤，仅仅将其视为现代性或世界主义的标志是不够的，尽管这些标志在世界各地广受欢迎。相反，牛仔裤成为许多差异和区别的决定性因素之一，使我们能够在传统与现代性、地方主义与世界主义之间架起桥梁的同时，也能保持两者间的延展性。本篇说明的是，我们从拒绝牛仔裤中所学到的东西与从接受牛仔裤中学到的东西一样多。

本书引言中概述的总体思想现在开始变得鲜活起来。我们已经知道辩证法应该如何运作。首先，我们提出主张，即全球牛仔裤可以在概念上类似于哲学，这可以弥合本地和全球日益增长的矛盾。但是，这只是我们全球丹宁项目的第一步。下一阶段要指出这种一般性分析对我们在牛仔裤方面更具体的经历所带来的影响，即一项普遍性分析如何使地方性的经历更具意义和深度，反之亦然。我们以此来否定这种普遍性。只有更深入地了解牛仔裤如何成为美国符号，并以此为依据，我们才能理解奥利森所证实的在当代穿着牛仔裤的可能性。同样地，只有从奥利森的角度来看，我们才能看到科姆斯托克所做的历史工作带来的当代影响。威尔金森－韦伯证明，在印度人们为了广泛传播牛仔裤刻意进行了系统化的尝试，只有从这种尝试出发，我们才能理解为什么在所有事物中牛仔裤能脱颖而出，成为坎努尔域的居民保护其保守主义和区域主义的核心方式。也只有根据米勒的坚持，我们才能研究牛仔裤无法普及的地方，并由此了解这对牛仔裤何时才能成功普及所产生的影响。现在，我们对“那又如何？”这个怀疑论问题有了答案：我们可以证明为什么开展与历史和人类学相匹配的全球丹宁项目真的会产生重要的影响，也就是全球化对新的本地化形式产生的直接影响，而不仅仅是本地化对全球化的影响。

牛仔裤所体现的亲密性和矛盾性

从本书最后一部分可以看出，本书旨在将对牛仔裤的分析结果推向哲学解读的层面，并将其带回到生活体验的热潮和结果中去。米斯拉伊最彻底地实现了这一点。读她的文章，我们几乎可以感觉到理论或分析要点如何同时在本质上也具有感性的特点。到了我们让自己成为读者的时候，放克舞会的激情、汗水和运动吸引了我们，我们仿佛第一次看到牛仔裤在运动和音乐的迷蒙之中出现。这些牛仔裤不是抽象的封闭实体，而是我们眼中放克舞蹈不可或缺的部分，有着特殊意味，融于周遭的音乐、氛围，是男女审美间的竞争。在此，牛仔裤及其弹性和形状所具有的明确的物质性表现出柔和的动态，不仅紧贴穿着者的身体，还不会因为任何分析性目光的暴力而分开，这种分析性目光不会承认舞蹈与表演背景之间的完整性。米斯拉伊（2002 年，2006 年）在她发表的其他作品中分析了“巴西牛仔裤”的发展。本篇追根溯源，发现其根源不仅在于牛仔服的技术质量，还在于对整体环境所进行的近乎理想的人类学阐释。正是在这个整体环境中，牛仔裤被赋予了生命。在这里，牛仔裤作为在我们眼前跳跃舞动的服装所具有的运动性和启发性魅力的一部分，似乎浑然天成。

如果说米斯拉伊的论文象征着当代牛仔裤的性意味和性潜力，人们不禁要问这与牛仔裤吸引力的其他方面有何关系。幸运的是，萨萨泰利撰写的这一篇文章非常清楚且系统地回答了这个问题。在萨萨泰利文章的结尾之处，我们看到了类似于米斯拉伊的观点。意大利年轻人的牛仔裤也具有性潜力，而这种潜力已经成为他们考量自己身体所具有的力量和理想化身材的首要方式。这几乎是整个过程的终点。在此过程中，一个人想要看起来性感迷人（“fit”一词当前在口语中的含义），首先必须从更世俗和更直接的角度理解“fit”这个单词暗含的意思。公开表演中的性感来自在卧室中细细玩味身体的私人行为。形成此论点的依据是伍德沃德（2005 年，2007 年）先前关于观察妇女穿衣服的研究，她们在镜子前试穿衣服的行为就是构建“我”是什么样的人的行为，而且始终是通过她们想象中和记忆中其他人的观点来构建的。此处出现了"fit"一词所具有的3个紧密相连的方面：适合身体、适合时装、适合在异性眼中看起来性感迷人的需求。身体的性感化取决于独特性与相似性之间的核心动力。出发点是要构建穿着牛仔裤的充满自信的身体（这种构建经常出现问题），并找出看起来适合的牛仔裤。总的说来，要体会性感，女性首先得对自己的身体在他人眼中表现出的外观充满信心。人们要如何穿上一件以看不见的普通性见长的服装来构建可见的性感化的身体？正如米斯拉伊对巴西弹力面料牛仔裤的商业基础所进行的更广泛研究一样，性感问题不再是一个完全自主的行为领域。由于它与身体感知有关，因而取决于时装界对矛盾相当类似的解决方式，也取决于奇特性和顺应性之间广泛的辩证关系。

在米斯拉伊和萨萨泰利撰写的文章中，我们至少处于一个看起来相对熟悉的领域。女人穿吸引男人的牛仔裤，而男人穿吸引女人的牛仔裤。由此，牛仔裤激发了性吸引力，尤其在夜总会的汗水和运动中增强了性吸引力。牛仔裤起到这种作用的方式有时可能很特别，但事实并非如此。相比之下，伍德沃德撰写的文章一开始就是一些难以预料的事情：并不是一个女人穿着女式牛仔裤来吸引男人。相反，这些女人已经找到了自己心仪的男人，现在已经开始穿他们的牛仔裤了。因此，此文探讨的是牛仔裤研究的中心问题之一，即磨损的中心性，这比前面的文章更进一步。尽管牛仔裤外观像穿旧了一般，却仍然是我们经常购买的服装。我们知道，做旧始于嬉皮士时期之后，当时牛仔裤被穿到磨损直至损毁，这个时期非常关注个人。现在，随着女性穿上男人之前已经穿过的牛仔裤，整个过程作为性别和与他人之间关系的体现而重新上演。商业迅速挪用了这种现象，创建了男友风牛仔裤这种商业类别，将这种亲密关系转变为一种商品，采用的方式与之前商业将嬉皮士经历转化为做旧牛仔裤所用的方式如出一辙。此处只进行了描述，并未解释其原因。

伍德沃德指出，非商业情形中也预示了商业化男友风牛仔裤的模糊性。这些牛仔裤涉及的是实际的男友、想象中的男友，还是一个接一个的男友呢？此处所说的男友是否在被商业化为一体之前就已经被抽象为一种文化类型了？乔治娅（Georgia）穿的不仅仅是一种恋爱关系，还是相对于更普遍的关系而言她自己的恋爱关系。商业把这种关系变成了纯抽象的男朋友概念，与此同时，伍德沃德撰写的一文中出现的三个人物以三种不同的方式通过实际关系形成了他们的共鸣。就其本身而言，他们反映了本书的整体范围。在伍德沃德的文章中，牛仔裤是表达核心矛盾和矛盾情绪的一种媒介。该主题在本书中以多种形式出现：从使用牛仔裤仅仅表达与某人之间实际恋爱关系的人，到科姆斯托克和奥利森的文章中人们与美国之间的关系，再到本引言结尾处对各种论点的预测，如果根据埃格和皮涅伊罗－马沙多的考虑，我们发现牛仔裤主要与疏离和模糊性有关，而这一点在伍德沃德的文章中已经很明显了。许多女性感觉自己真的不知道相对于一个特定的男人或者一般的男人而言，自身所处的地位，这一观点几乎已经是老生常谈。但是我们再一次发现的是，在所有事物中，只有牛仔裤直接说明了这一难题。牛仔裤这一媒介使女性真正感受到了自己的情感。

牛仔裤与疏离感

到目前为止，我们所写的内容似乎可以理解为：牛仔裤具有无穷无尽的能力来表达极端全球化和极端地方化，也有能力协调两者。但是，对于今天的牛仔裤来说，这种说法太过天真浪漫。在本书的所有文章中，我们都声称牛仔裤可以同时表达全球性和私密性，尽管如此，当我们要解决这两个极端之间的矛盾时，问题还是来了。显然，的确在某些情况下这种命题是合理的，对痛苦的感知以某种方式让人觉得与其他非极端情况相比，自己更有能力生活在这种极端情境之中，更有能力熬过这种极端情境。但是，牛仔裤属于这个世界，在这个世界中，人类的既定生活既具有疏离感，又具有不可分离性。认为牛仔裤代表着解决难题的努力这种看法要比认为它们实际上成功地解决了难题的看法要准确得多。因此，我们必须同样关注牛仔裤表达疏离、挫折和努力的方式。

尽管这一点并不是最重要的，但实际上在前面的文章中已经说得很明显了。显然，在米勒描述的坎努尔城情境下，就有这样一种情况：对牛仔服的抵制揭示了一个小城日益感受到世界主义和现代主义力量的包围。从五旬节派到激进的伊斯兰教，在许多当代社会中表达出的保守主义与新的宗教虔诚并驾齐驱。米斯拉伊文章的背景还包括社会边缘人物，他们来自里约热内卢（Rio）赤贫且通常带有暴力特征的贫民窟。从更个人的角度来看，我们刚刚看到了伍德沃德文章中所介绍的乔治娅这个案例中表现出的模糊性。在这个案例中，牛仔裤表达的是乔治娅自己对恋爱关系摇摆不定的态度。尽管此案例的依据是男友风牛仔裤的亲密性，但通过疏离概念同更普遍的总体问题之间建立了明显的联系。

埃格在文章中对此进行了广泛的探讨，其中有一个典型的排斥和疏离的例子。借由焦虑，这种排斥和疏离带来了自信和模糊性。他在文中是这样描述一些德国人的："具有土耳其、阿拉伯和其他移民背景的男孩和年轻人，其中大多数来自工人阶级，以及相对低收入的家庭"。这些人几乎正是我们可以预期到会对主流文化的存在产生焦虑的人。这些年轻人声称拥护的文化类型是匪帮说唱，而我们所探讨的是对疏离的青年文化的坚持所具有的国际象征，两者差不多一样。埃格的贡献在于他看出了这种方式如何应用到更加具体的服装表达之中，以皮卡尔迪牌（Picaldi）"萝卜型"牛仔裤的形式把下层阶级的地位表现出来。

埃格指出，这种情况不能简化为仅仅是在其他情况下缺乏赋能作用的事物所起作用的表现，或者在另一种极端情况下，将它们仅仅视为其相对于统治或霸权所处地位的结构性表达。最重要的是，这些牛仔裤使人联想到模糊性。疏离感带来的不仅仅是一种有利地位，还有焦虑，从而带来不确定性和矛盾。大多数人实际上并不想表现出针对文化规范的某种持续消极或对抗的立场。对于自身，他们有自己强大而积极的道德观点，其中许多观点与更广泛的家庭网络和同辈群体的道德联系在一起。皮卡尔迪牛仔裤与匪帮说唱不尽相同，但仍然是这个特定环境中的一种新兴形式。它充当着一种外部形式，人们借此可以找到自己的身份。这种风格引起了回应：人们或喜欢或讨厌，或认同或鄙视，但似乎不太可能忽略它。对于这个群体来说，成为关注中心就是意义所在。他们冒着回顾过往中的嘲笑或尴尬的风险，以此为镜，更好地看清自己。埃格的文章的弦外之音是，使模糊性变得清晰，标志着向前迈出了一步，即使没有完全解决模糊性的问题，也至少是朝着使其变得清晰并加以理解的道路前进。

通过关注模糊性，埃格似乎总结出了我们的论点。但实际上，这只限于牛仔裤的穿着方面。要想有全面的了解，我们显然还需要了解皮涅伊罗－马沙多撰写的最后一篇文章，需要她从民族志的角度对整个全球丹宁项目作出批评。从科姆斯托克和威尔金森－韦伯探索的各种生产和分配问题开始，并假设生产的结果是用于消费，这样做太容易了。但这种做法忽略了消费总是如何反过来影响生产的，尤其是如何影响从事牛仔裤商业的人。有人认为牛仔裤体现了人的作用，但我们在结尾之处逐渐得出的观点与此截然相反。在边缘区域，有些人成为更大的政治经济体的马前卒。在这种政治经济体中，牛仔裤作为一种商品是非常重要的。穿牛仔裤变得越来越普遍，这使得牛仔裤在全球生产和销售系统中变得越来越重要。

结果，即使与埃格笔下愤愤不平的年轻人相比，皮涅伊罗－马沙多笔下的人们也显得无能为力。人们被要求搬到他们不太想去的销售地点，被迫出售他们不太希望出售的东西。皮涅伊罗－马沙多明明白白地指出，摊贩们考虑到自己的劣势地位，自然就会努力寻找具有相对优势的地位，至少要从当前的情况中赚些钱。他们努力寻找一种“商业模式”，使自己能够把价格压得低于其他摊贩，重新定位自己，以便找到可以利用的商机。然而，文章毫不犹豫地总结了摊贩们的失败而不是他们的成功，这迫使我们认识到摊贩们在更大程度上仍然是更大力量的马前卒。甚至他们自己的客户对他们努力提供的机会也视而不见。尽管摊贩们在交易策略中有各种背景，但他们仍然无法找到摆脱当前地位的方法，到本文结束时，这种地位似乎更像是陷阱而不是机会。

皮涅伊罗－马沙多的文章适合作为全球丹宁项目第一个系列的结尾，因为我们最终需要面对争论的结果。等到我们解释清楚牛仔裤为何如此普遍，并开始欣赏牛仔裤的力量和特殊意义之时，我们也就准备好面对牛仔裤的影响了。世界各地都有许多人处于边缘地位，对于他们而言，牛仔裤的重要性并不在于表达自我，而在于他们很容易受到牛仔裤的影响。面对牛仔裤的庞大规模和实力，世界各地的人们都发现自己被牛仔裤所定义，被迫出售他们可能觉得没有什么认同感或者情感的东西。在许多方面，他们是受害者，是牛仔裤这一不断增长的存在物所带来的残余物。我们不应忘记那些因牛仔裤而痛苦的人。

结论

本引言的观点实际上也是整个全球丹宁项目的观点，是辩证的观点：从具体到抽象，从抽象到具体，再到现在的抽象。我们从最具体的角度开始，将牛仔裤的普遍性作为一种需要加以解释的实证现象进行观察。为什么牛仔裤会如此普遍？牛仔裤如何反驳像时装业这样强大的事物所具有的逻辑？这些问题引领我们进入一些抽象话题，如宣言文章的主题和全球丹宁项目的启动。然后，我们明白了牛仔裤为何无处不在，也明白了牛仔裤如何成为一种独特的存在，并直接表现出现代世界的极端情况。随着现代媒体的发展，我们不断接触到自己身居其中的当今世界所具有的巨大规模和多样性，因此都渴望在拥抱这种强大的全球化的人性的同时，又能从中抽离，进而保护我们的独特性和个性。相对于世界而言的这两种完全相反的关系，很少有人只关心其中的一个，绝大多数人都希望同时拥有两者。

由此，牛仔裤出现了，它既是这种矛盾的表达方式，也是其解决办法。正如做旧处理所表达的那样，牛仔裤是个人化和个性的象征，是我们最私密的服装，将其穿戴到身体的精确轮廓上，是一种行为模式，是对世界的了解。仿佛我们的生活充满了生机，以至于我们的牛仔裤逐渐分解成为表达这种丰富生活的方式。事实上，我们太忙了，以至于似乎没有时间过上自己的充实生活，因此商业以预先磨破处理牛仔裤的形式为我们提供了这种“仿佛如此”的解决方案。因此，就在我们对独特性的渴望得到确认的那一刻，我们深知身上穿的衣服就是当今世界上最具同质化和普遍性的一种存在物。的确，我们是人类公民（Citizens of Humanity），是全球无国界公民中的一员。不过，具有讽刺意味的是，“人类公民”也是最昂贵的牛仔裤品牌之一。

在这种抽象层面上，牛仔裤成为人类学的理想选择：它是一种哲学形式，不由文字来表达，也不由高深莫测的抽象思想家来表达。相反，它是日常实践中发现的一种哲学、一种事物，能够讲述其穿着者无法言说的内容。当我们感到口齿不清、笨口拙舌之时，我们身上穿的蓝色牛仔裤就为我们代言，向人表明我们也认识到了解决现代生活矛盾的必要性。我们是否是一起参与全球丹宁项目的学者，致力通过研究和写作来构建这种理解模式，或者当我们在计算机上输入完对牛仔裤研究的相关内容之后，是否要外出与穿着牛仔裤的朋友一起喝一杯，这些都不再重要。两者都同样让人联想到牛仔裤有能力表达出我们在理解自己所生活的世界方面所持的哲学观点。

这也是牛仔裤本身的独特性。世界上绝大多数事物都无法以这种方式成为哲学的产物。在大多数国家都有威士忌酒或者足球比赛，但它们仍然相对具体，有一定的局限性，无法像人们一直以来都穿的服装那样达到涵盖任何事物的程度，实际上，服装每天都在各地的街景中占据主导地位。不仅如此，威士忌酒和足球比赛也无法将普遍性扩展到个人早上起床和晚上睡觉时最私密、最个性化的自我表现之中。比较一下作为潜在竞争对手的符号，我们可能会去麦当劳喝一杯可乐，虽然两者都主要起源于美国，但都是具体且相对偶然的事件。这些事物不能与做旧牛仔裤或男友风牛仔裤等同，因为它们不是我们常见的事物，更不能代表我们的常态——它们无法像服装那样对我们产生如此深刻的影响。

所以说，全球丹宁的意义在于它在许多方面都具有独特性、极端性和卓越性。因此，当牛仔裤通过失去所有特性而设法变得普遍时，世界上就没有任何事物能与之抗衡了。许多人在穿牛仔裤时并不知道牛仔裤的品牌、购买地、类型或者样式，也不知道牛仔裤是否具有美国化含义或者任何其他具体特征。他们只是早上从衣柜里拿出牛仔裤穿上，根本不需要考虑其他任何事情。“牛仔裤：平凡的艺术”这项研究的依据是我们自己在伦敦北部的民族志调查，并预计完成一本同名书籍，以充分讨论“平凡”这个没有明显特征的概念。正是“平凡”赋予了牛仔裤普遍性，而就是在这种普遍性之中，牛仔裤超越了自身的具体性而升华为普遍性的惯用说法。

在此，我们讨论了牛仔裤作为一个完全普遍化的概念意味着什么，也对牛仔裤进行了阐释，就好像牛仔裤是一件独一无二的事物，而我们是独一无二的人类，包括所有牛仔裤和所有人。由此，我们达到了哲学抽象的最高境界。这正是为什么宣言文章无可避免地带来了全球丹宁项目的原因，也正是为什么全球丹宁项目会无可避免地促成本册论文集的原因。作为学者，我们必须忠于辩证法。实现了抽象之后，下一个阶段是返回具体细节，以检验我们刚才针对特定人群和特定牛仔裤提出的观点所带来的结果。只有在所有文章都被人读完后，在本书的结尾之处，我们才兑现了项目本身的承诺。本书的每一篇文章都以其特定的方式显示了此过程的结果：牛仔裤在何时变成了哲学，这促使人们去做了什么事，或者说这迫使人们变成了什么样子。

例如，比较一下米斯拉伊和奥利森的文章。在米斯拉伊的文章中，牛仔裤完全否定了它们与世界的非人际关系，从而天衣无缝地融入了放克舞会的特定性感之中。而在另一个极端，奥利森笔下的牛仔裤以关注地球环境和未来健康的形式表现出对普遍性的特殊承诺。直到牛仔裤作为无处不在之物出现的时候，坎努尔域的人才拿起武器专门反对牛仔裤，捍卫自己免受牛仔裤的攻击。牛仔裤从普遍性的极端跨越到特殊性的极端，正好解释了皮卡尔迪牌牛仔裤如何成为了普遍性的标志。牛仔裤既是抵制之源，又是麻烦之源，这种模糊性在男友风牛仔裤中作为身份和距离的形式表现得非常明显。在科姆斯托克和威尔金森－韦伯的讨论中，生产和消费之间的关系里也发现了类似的矛盾，然后萨萨泰利把合身与性感迷人关联起来，因而使得这一矛盾重新组合在一起。在埃格和马沙多撰写的文章中，街头小贩发现在自己几乎没有任何掌控的过程中，牛仔裤给自己下了定义，在此，矛盾依然作为矛盾而存在。

当代物质文化研究的定义是我们对物品如何造就人的关注至少应该

不少于对人如何制造物品的关注。牛仔裤是物质文化的典型代表，超越了主体和客体之间的任何简单对立。认为牛仔裤只是简单表达了人们身份的想法显然是荒谬的。从许多方面来看，牛仔裤的普遍性正是对身份这种说法的否定，是我们当今可用的最不具身份识别特征的外观形式。它们不是表现主体的客体。同样，它们有时只是里约摊贩所经历的沉重的客体影响。总的说来，作为实践活动的一种形式，牛仔裤正在做的事情与我们学术界正在做的事情差不多。牛仔裤是我们理解当代世界基本矛盾的一种尝试，又通过这种理解，成为我们在个人应对集体表达过程中经受住反对意见并与之共存的斗争手段。

注释

① 感谢内奥米·布雷斯韦特（Naomi Braithwaite）承担本项目统计数据的收集工作，感谢乔安妮·艾歇（Joanne Eicher）的批评和建议。

② 主要有两项调查："全球生活方式监测"（Global Lifestyle Monitor）报告（2008 年）和"全球丹宁调查"（Global Denim Survey，思维公司，2008 年）。前者针对巴西、中国、哥伦比亚、德国、泰国、土耳其、印度、意大利、日本和英国的人们进行了调查；后者针对美国、加拿大、巴西、法国、韩国、马来西亚、塞尔维亚、俄罗斯和南非的人们进行了调查。

参考文献

[1] Bair, J. and Gereffi, G.（2001），'Local Clusters in Global Chains：The Causes and Consequences of Export Dynamism in Torreon's Blue Jeans Industry', *World Development*, 29（11）：1885–1903.

[2] Bair, J. and Peters, E.（2006），'Global Commodity Chains and Endogamous Growth. Export Dynamism and Development in Honduras and Mexico', *World Development*, 34（2）：203–221.

[3] Balfour-Paul, J.（1998）, *Indigo*, London：British Museum Press.

[4] Card, A., Moore, M. and Ankeny, M. (2005), 'Garment Washed Jeans: Impact of Laundering on Physical Properties', *International Journal of Clothing and Science Technology*, 18 (1): 43–52.

[5] Chowdhary, U. (2002), 'Does Price Reflect Emotional, Structural or Performance Quality?' *International Journal of Consumer Studies*, 26 (2): 128–133.

[6] Clarke, A. and Miller. D. (2002), 'Fashion and Anxiety', *Fashion Theory*, 6: 191–213.

[7] Cotton Incorporated (2005), 'Return of the Dragon: Post Quota Cotton Textile Trade', *Textile Consumer*, 36 (Summer).

[8] Crewe, L. (2004), 'A Thread Lost in an Endless Labyrinth: Unravelling Fashion's Commodity Chains', in A. Hughes and S. Reimer, *Geographies of Commodity Chains*, Harlow: Longman.

[9] Downey, L. (1996), *This is a Pair of Levis Jeans: Official History of the Levis Brand*, San Francisco: Levi Strauss & Co Publishing.

[10] Finlayson, I. (1990), *Denim: An American Legend*, Norwich: Parke Sutton.

[11] Fiske, J. (1989), *On Understanding Popular Culture*, Boston: Unwin Hyman.

[12] Global Lifestyle Monitor (2008), *Global Lifestyle Monitor Survey on Denim*, Cotton Council International, Cotton Incorporated and Synovate.

[13] Hansen, K.T. (2005), 'From Thrift to Fashion: Materiality and Aesthetics in Dress Practices in Zambia' in D. Miller and S. Kuechler (eds) *Clothing as Material Culture*, Oxford: Berg, pp 107–120.

[14] Hawley, J.M. (2006), 'Digging for Diamonds: A Conceptual Framework for Understanding Reclaimed Textile Products', *Clothing and Textiles Research Journal*, 24 (3): 262–275.

[15] International News Service (2008), *Middle East Denim Market Review*. Bromsgrove: Aroq Limited.

[16] Küchler, S. and Miller, D. (eds) (2005), *Clothing as Material Culture*, Oxford: Berg.

[17] Levi-Strauss, C. (1966), *The Savage Mind*, London: Weidenfeld & Nicolson.

[18] Li, Y., Yao, L. and Newton, E. (2003), *The World Trade Organisation and International Denim Trading*, Cambridge, Woodhead Publishing.

[19] Li, Y., Yao, L. and Yeung, K.W. (2003), *The China and Hong Kong Denim Industry*, Cambridge: Woodhead Publishing.

[20] Marsh, G. and Trynka, P. (2002), *Denim: From Cowboys to Catwalk.* London: Aurum Press Ltd.

[21] Miller, D. (2010), *Stuff*, Cambridge: Polity.

[22] Miller, D. and Woodward, S. (2007), A Manifesto for the Study of Denim, *Social Anthropology*, 15: 335–351.

[23] Mintel Market Research (2005), *Essentials*–April 2005. Mintel International Group.

[24] Mintel Market Research (2007), *Jeans*–April 2007. Mintel International Group.

[25] Mizrahi, M. (2002), A influência dos subúrbios na moda da Zona Sul [The Influence of the Outskirts on the Southern Area]. Monograph. Universidade Estácio de Sá.

[26] Mizrahi, M. (2006), "Figurino Funk: uma etnografia dos elementos estéticos de uma festa carioca", in D.K. Leião, D.N.O. Lima, R. Pinheiro-Machado (eds), *Antropologia e Consumo: diálogos entre Brasil e Argentina.* Porto Alegre: Age.

[27] Reich, C. (1970), *The Greening of America: How the Youth Revolution is Trying to Make America Liveable*, New York: Random House.

[28] Synovate (2008) *Fact Global Denim Survey.*

[29] Sullivan, J. (2006), *Jeans: A Cultural History of an American Icon*, New York: Gotham Press.

[30] Tarhan, M. and Sarsiisik, M. (2009), 'Comparison among Performance Characteristics of Various Denim Fading Processes', *Textile Research Journal*, 79 (4): 301–309.

[31] *Textile: The Journal of Cloth and Culture* (2011), Denim Special Issue, *Textile* 9 (1).

[32] Tokatli, N. (2007), 'Networks, Firms and Upgrading within the Blue-jeans Industry: Evidence from Turkey, *Global Networks*, 7 (1): 51–68.

[33] Tokatli, N. and Ö. Kızılgün (2004), 'Upgrading in the Global Clothing Industry: Mavi Jeans and the Transformation of a Turkish Firm from Full-package to Brand Name Manufacturing and Retailing', *Economic Geography*, 80, 221–240.

[34] Van Dooren, R. (2006), La Laguna: Of Exporting Jeans and Changing Labour Relations, *Tijdschrift voor Economische en Sociale Geografie*, 97 (5), 480–490.

[35] Woodward, S. (2005), Looking Good: Feeling Right–Aesthetics of the Self, in S. Küchler and D. Miller (eds), *Clothing as Material Culture*, Oxford: Berg, pp. 21–40.

[36] Woodward, S. (2007), *Why Women Wear What They Wear*, Oxford: Berg.

[37] Wu, J. and Delong, M. (2006), 'Chinese Perceptions of Western-branded Denim Jeans: A Shanghai Case Study', *Journal of Fashion Marketing and Management*, 10 (2), 238–250.

—1—

美国符号的形成：大萧条时期蓝色牛仔裤的转变[①]

桑德拉·柯蒂斯·科姆斯托克

引言

正如本书中各篇所言，当前来自众多文化背景的一大批人认为牛仔裤象征着社交界及其他方面跨界之间的流动，涉及世代、性别、文化、宗教或受阶级影响的跨界等。当今世界，“不同（文化）体系相互交融已成事实，非常普遍”，不断增强的交流活动和商品流通是其显著特征，而蓝色牛仔裤似乎正是这种交流与融合的缩影。[②]文化体系的交融并未导致同质化，相反，看起来相似的做法和产品之间的区别越来越复杂。同理，蓝色牛仔裤的同质化程度并不是太高，无法在社交界的诸多区别之间相互转化并同时突显差异。之所以如此，关键因素之一是现在普遍的跨文化社会期望，即蓝色牛仔裤在物质和象征意义上都是易变的。但是，为什么今天的人们会相信并接受牛仔裤在样式、外观和用途方面的多样性呢？为什么我们会把牛仔裤的材料易变性和风格易变性与社交符号的模糊性联系在一起呢？本篇解释了牛仔裤获得其最初的材料多变性和象征意义多变性的原因和方式，也解释了这一点与20世纪30年代大众文化的出现两者之间的关联方式，由此部分解答了以上问题。[③]

20世纪30年代之前，很少有人认为蓝色牛仔裤意义含混、风格多变。但是，在短短的10年中，这一切发生了显著的变化。毫无特色的工人阶级工作服开始成为“美国人民”模糊性别和阶级的符号。虽然其标志性的地位要到20世纪50年代才完全确立，但转变的基础却是在大萧条（Great Depression）的严峻考验中就已经奠定了。大萧条期间，美国发生了一系列偶发事件和情况，促使产业和公众开始把蓝色牛仔裤看作模糊性别和阶级的国家符号，该符号具有多种风格和象征意义。出于多种原因，在多个领域中构建了多变的牛仔裤这一构想。这种中产阶级的牛仔裤在象征意义和风格上松散多变，在商业上不仅有用，还能引起人们的联想。鉴于此，新兴的大众文化产业对这种牛仔裤的兴趣日益浓厚。大众文化正在苦苦找寻工人阶级和中产阶级之间以及男性和女性消费者之间的桥梁。就在此时，蓝色牛仔裤与不断扩大的受众群体和客户之间产生共鸣的能力越来越强，因而极具吸引力，很值得仿效。那么，到底是什么原因使得牛仔裤在20世纪30年代末期开始呈现出可能具有标志性的全新意义呢？非工人阶级的男男女女们又是如何开始接受这种10年前才被认为具有终极平民特征的服装呢？从商业角度看，为什么美国的服装制造商和零售商会如此执着追求和美化这种新出现的美国蓝色牛仔裤呢？

曾经撰文写过这个话题的人采用了两种不同的方法，一些人强调“消费方面的因素”，而另一些人则强调“生产方面的因素”。在消费方面，莱斯利·雷宾（Leslie Rabine）和苏珊·凯瑟（Susan Kaiser）从日常习惯和模仿的改变方面解释了这些变化。[④] 她们认为，中产阶级美国人的日常活动发生了变化（例如，休闲时间增加，妇女从事有偿工作，更强调女性运动），由此带来了对休闲服装的“需求”。鉴于这些需求，再加上像葛丽泰·嘉宝（Greta Garbo）这样的明星都穿着工装裤，普通女性希望效仿明星，便选择了工装裤，如卡其裤。与此不同的是，强调生产方面因素的作家本·法恩（Ben Fine）和埃伦·利奥波德（Ellen Leopold）认为，在20世纪的前几十年中，大规模生产和分销方面的技术和战略发生了变化，引发了女性成衣业的竞争，从而促使制造商和零售商以新的方式将工装裤和其他标准化服装推向市场，以此扩展自己的市场，并相互竞争。[⑤] 根据这种说法，好莱坞影片中的牛仔裤和新的中产阶级休闲活动都是隐含条件，直到相互竞争的营销商和广告商说服用户相信其社会价值和相关性才得以激活。

牛仔裤是模糊阶级性的美国符号，在解释其出现时，强调生产和强调消费的两种方法在“主要因素”方面存在分歧。但是，两种方法都认为是潜在的条件（例如，日常活动的变化或者生产和分销的变化）和特定的机制（例如，模仿或者广告）将工人阶级的蓝色牛仔裤变成了美国符号。这些变化和机制起着重要的作用，但是仅凭这些因素并不能解释为什么牛仔裤的销售者和消费者会彻底背离以前的做法，也不能充分解释为什么中产阶级的牛仔裤会成为如此引人注目的标志。在具有稳定性和连续性的时期，从广义的力量和机制角度进行思考可能是有道理的，但威廉·休厄尔（William Sewell）指出，在危机和激进变革的时刻，相对缓慢变化的条件和静态机制无法充分解释社会实践和人生观的彻底重组。⑥

大萧条期间牛仔裤生产模式和意义的转变非常激进，象征着社会政治和经济更深刻的变化。之所以如此，原因在于惯常运营方式的挫败以及对于未来突如其来的不可知性。要解释这种性质的变化，需要增强消费和生产的概念化。这种概念化密切关注牛仔裤消费者和售卖者的经历以及对开拓性事件和意外事件的解释，同时也考查事件顺序和事件结合在影响解释和行动中的作用。为了摆脱根深蒂固的将蓝色牛仔裤视为平民服装的思维习惯，也为了接受将蓝色牛仔裤作为无阶级性的美国符号这个不同寻常的看法，好莱坞、消费者和牛仔裤销售者不得不彻底终止惯常的行事和思维方式，并对此提出质疑。

除了重视消费和重视生产这两种思想流派所强调的因素外，两类事件（管理事件和美学事件）对于帮助相关人士理解 20 世纪 30 年代的牛仔裤也至关重要。第一类事件本质上是监管活动，需要努力以更公平的方式重组服装消费和生产。这些事件扰乱了服装贸易，促使以前毫不相关的男女工作服装行业之间展开非传统的互动，这些互动通常涉及针对中产阶级蓝色牛仔裤所进行的试验；第二类的事件包括多种审美活动，旨在弄清大萧条时代的灾难，并相应地重新诠释美国的制度。由于种种原因，对于大萧条时代的事件和经历的叙述总是在利用蓝色牛仔裤，将其视为记忆主题，将不同社会类别的人联系在一起，从而鼓励公众首次将牛仔裤视为典型的美国产物。

无论是管理事件还是美学事件，或是牛仔裤生产或消费的更广泛条件的变化，都没有使工作服转变为减弱阶级性的美国符号。相反，正是扰乱性管理事件和能够改变观点的审美事件两者发生的特殊时机、顺序与结合决定了制造商和零售商的行为以及公众的品位。正如威廉·休厄尔所指出的，在严重的社会动荡时刻，扰乱性事件的顺序和时机与对这类事件产生的反应之间的因果意义显著增强和加深。[7] 在瞬息万变的20世纪30年代，蓝色牛仔裤成为美国中产阶级服装和女性服装的一部分，对其原因与方式的复杂性进行探查，正好显示了看似不重要的事件在其发生时机和顺序方面是多么重要。这也阐明了物质文化的普通元素（如蓝色牛仔裤）在帮助连接和重组先前并无关联的做法、社会类别和品位方面可以发挥的重要作用。

百货商店与中产阶级妇女的工装裤

1930年之前，高端百货商店并不出售女式牛仔工装裤。实际上，出售的服装中有很大一部分要么是巴黎制造，要么是由批发商按照从法国进口的样板订做的。[8] 与法国时装保持联系是高档百货商店在中产阶级和上层阶级客户中享有盛誉的主要渠道。[9] 在这些巴黎设计中，有许多设计都是基于法国的生产管理体制，因此许多产品在缝制方面相对复杂，需要相当多的技巧以及缝纫工人对工艺流程的调整。女装纷繁复杂，式样变化迅速，促使百货商店雇用灵活的批发商或者中间商来降低成本，而这些批发商或者中间商则雇用了不靠谱的血汗工厂或者愿意接收廉价零星工作的居家办公人员。[10]20世纪30年代，随着百货商店开始重视更加标准化、更简单的美国女性运动服，所有这一切也开始改变。

从1934年开始，高档百货商店开始使用工装裤广告，强调加利福尼亚和好莱坞是美国新的时尚前沿。布洛克（Bullock）早期的一则广告非常清楚地说明了这一点，该广告将一幅电影拍摄场景和“狂野西部”的地图与穿着休闲服装的男女照片放在一起。休闲运动风是这种美式风格新领域的特征。为了强调这一点，水手工作服重点强调非正式性和环球旅行。为什么百货公司开始尝试销售工作服呢？它们为什么决定向习惯穿茶歇裙和鸡尾酒会礼服的美国中产阶级妇女售卖不太可能被接受的蓝色牛仔裤？在下文中，笔者将说明正是好莱坞审美引领在文化习惯上的转变，以及一系列开拓性的管理活动促使了百货商店开始销售工装裤。

不断变化的文化形势：工人阶级妇女电影和杂志消费的增长、工人阶级妇女社会角色的转变以及越来越多地出现在好莱坞影片中的女式工装裤

20 世纪 30 年代初，葛丽泰·嘉宝、凯瑟琳·赫本（Katherine Hepburn）和玛琳·黛德丽（Marlene Dietrich）穿着被视为街头服装的喇叭工装裤，这样的报道充斥着报纸杂志。例如，男性评论员讽刺性地宣称凯瑟琳·赫本的工装裤是“服装战栗”。他们批评说，“这位赫本”穿着工装裤，“就像一个普通的牧场工人”。[11] 其他人则宣称好莱坞已成为“裤子世界”，并将这种时尚归因于女性“在男人领域的盲目斗争”。[12] 总之，记者、时尚达人和电影制片人都在痛斥女演员的裤子和男性化习惯。公众对女演员的工装裤如此着迷，原因到底是什么？如果说男性电影制片人自己很反感穿着牛仔裤、具有男子气的女演员，那他们又为什么要制作由这些女性主演并且挑战性别和阶级规范的电影和广告呢？[13]

要解释这一点，我们必须回溯过去，先了解工人阶级妇女所处的不断变化的社会环境。当时，在生产和销售有关牛仔裤主题的商品和电影方面，她们已经成为主要的推动群体。直到 1930 年，城市中心的工人阶级家庭一直倾向于遵循父权制规范，该规范的基本思想认为，男人是主要的养家糊口者，因此应优先于其他家庭成员。但是，随着工人阶级的男性失去工厂的工作，而妇女的非正式工作和政府救济成为越来越多家庭的主要经济支柱，妇女开始质疑家庭中的父权制。[14] 结果，职业妇女开始对那些以性别角色和差异的脆弱性为主题的好莱坞新闻和电影特别感兴趣，也特别喜欢。在这段时间里，工人阶级观众对好莱坞票房收入的

重要性也在不断增长。随着好莱坞对工人阶级喜好的持续关注，高管们委托进行的研究表明，工人阶级妇女在决定家人和朋友看什么电影方面特别有影响力。结果，尽管男性电影制片人和导演不喜欢穿着工装裤的女性影坛新秀表现的坚强形象，但他们却制作了越来越多的电影和广告，上演的正是工人阶级女性最喜欢的性别困境主题。[15]

然而，虽然工人阶级女性对这些主题的兴趣日益增强，但她们并没有想要直接穿上蓝色牛仔裤来模仿嘉宝和赫本。她们将牛仔裤与男性的劳苦工作联系在一起，因此对工装裤并不太热情。但是，牛仔裤销售量的增加确实吸引了一小群年轻的精英女大学生，她们想要穿不那么奢华铺张的服装，这样更符合时代的严肃性。当然，这并不是说牛仔裤就开始流行了。20世纪30年代中期，只有少数女大学生开始像凯特·赫本（Kate Hepburn）那样穿着工装裤。批评者坚持将女大学生穿牛仔裤的行为描述为去男性化的行为，并以此为例说明工人阶级是如何日益拉低了新兴美国中产阶级大众文化的品味。[16]

那么，在这种消极的背景下，为什么高雅的百货商店会选择销售工装裤呢？仔细研究高雅的百货商店广告出现的时机，我们会发现，牛仔裤作为超越性别、阶级以及现代好莱坞风格的符号，其地位变得越来越重要，原因就在于3项监管事件，即贸易规则的改变，工资规则和组织权利的改变，以及《棉花法》（*Cotton Code*）的制定。正如笔者将解释的那样，这些事件及其与好莱坞目的之间的相互作用，促使了百货商店销售女性工装裤。

监管事件：混乱、偶然性以及工装裤在促使高端女装走向大规模生产中的积极作用

如前所述，在大萧条之前，百货商店出售的大多数女装都源自样品，或者是从法国时装店进口的成衣。[17] 从1930年6月开始，《斯姆特－霍利关税法》（*Smoot-Hawley Tariff Act*）大幅提高了巴黎成衣和样板的进口关税，导致从法国进口的服装急剧下降。[18] 在寻找具有声望的替代来源时，

商店一直在思考如何发展卓越的美国来源产品。[19]百货商店采用的策略之一就是在其新建的大牧场和度假商店首推极为现代但名声略差的女式工装裤。在这些商店中，女式工装裤是标志性商品，并帮助商店提出了一种全新的、性别反转的、民主的、美国好莱坞式时尚感，以此反对老旧的、常规性别的、等级制的、以欧洲为中心的时尚感。工装裤让人联想到平民百姓以及对性别的挑战，其价值惊人，大有益处，可以用来使百货商店摆脱巴黎时装的主导。

到 1935 年,《时尚》(*Vogue*) 杂志在其夏季旅行专刊中重点介绍了"李维斯女士牛仔裤系列"(Lady Levi's)，此时，百货公司断言工装裤标志着一种标新立异的美国服装，这种说法得到人们的推崇。《时尚》杂志在文章中宣称："真正的西部风格"是牛仔的一项发明，"但是，一旦你偏离了（真正的牛仔）信条,就会迷失。"[20]尽管《时尚》杂志大力推广，但大多数百货商店仍在继续回避售卖呆板的直筒品牌牛仔裤，因为这些牛仔裤让人联想到男性牛仔。相反，它们销售柔软飘逸的浅色女式喇叭裤，强调牛仔裤的大胆现代、混合性和模糊性别的特质。[21]百货商店的大多数广告强调好莱坞特色，以牛仔形象为背景，努力避免重复李维斯牛仔裤和牛仔之间日益增长的联系。由于百货商店的目标是降低成本、控制工装裤的设计，因此他们往往避免直接与李维斯竞争的信息，而这可能迫使他们销售李维斯公司（全称李维·斯特劳斯公司，Levi Strauss & Co.）更昂贵的牛仔裤。[22]

这些动态解释了百货公司如何在 20 世纪 30 年代初开始宣传女式运动型工装裤（通常是飘逸的水手风格牛仔裤，不同于直筒型男式李维斯牛仔裤）。但是，它们并不能充分说明为什么百货商店的工装裤广告在 1934~1935 年不断增多，但却在 1936 年突然暴跌，然后从 1938 年开始又显著增加，直到 1941 年军事采购抬高工装裤的价格。了解工装裤的这种兴衰起伏非常重要，可以帮助我们找出百货商店决定销售蓝色牛仔裤的真正原因。从改变服装行业法规的事件所遭遇的兴衰角度，最能理解这一时期牛仔裤广告的急剧增加、下滑和恢复。

1933 年,《国家救济法》(*National Relief Act*) 要求联邦政府制定法规，

旨在稳定服装业的劳动力成本并终止其残酷的定价竞争。[23]《国家救济法》的第一批命令之一就是要求服装业收集全国服装业的工资和就业惯例的详细信息。这些工作为工会提供了信息，促进了评估、对比以及谈判计件制度与合同等方面新方法的产生。[24] 这些方法之中，有许多是从标准化程度高得多的制衣业借鉴而来。在制衣业，一段时间以来，管理层和工会一直致力工人薪资平等的问题。[25] 一位劳工史学家指出：

法规部门挨个走访各个市场，视察商店，检查书籍，举行听证会，并比较所有运营类型和雇佣条件下的人工成本。通常的程序是估算各个市场制作样品服装的相对人工成本。经过深入研究，这些部门完成了各自行业生产成本要素的第一份真正全行业调查……[26]

有了新的信息和工具，工会就可以更好地与制造商进行集体议价，特别是在抵制工会的劳动力市场方面，在这样的市场里，一直以来都很难获得工厂惯例的内幕信息。[27] 同时，新的《国家救济法》保护工会的组织权，工会终于有了合法空间，也有了广泛的工人乐观精神，因此可以发起非常成功的工会运动，从而把整个制衣行业的大量工人组织起来。[28] 联邦政府限制在家工作，再加上工会运动的影响，两者共同促进制造商在自己的工厂内从事生产工作,大幅减少了承包商和在家工作人员的数量。[29]《国家救济法》还要求该行业不同部门的制衣厂商发展全国性组织，以便与工会合作，建立划定最低工资率的法规以及针对制衣业不同部门的规则。[30] 这就加强了工会的议价能力，并在整个区域市场引入了更标准化的工资和批发价格。

但是，尽管产业与国家之间的合作确定了新的服装工资法规，这种做法也产生了一些意想不到的影响。在《国家救济法》通过之前，工会管理方面的商讨一直以来都认为缝纫工人在制作不同类型的服装时存在所谓的技能差异，随着时间的推移，制衣业各部门之间也形成了收入差异。《国家救济法》里的“棉花法规”保留了基于传统区别的工资率等级差异。[31]《棉花法》区分了缝纫工人制作“女装”“男装”“棉服”和“工作服”的适当费率，其中，制作工作服的工资率最低。[32] 百货商店的利润以前都是依靠承包商之间的相互竞争而得来的工资差异，由于工资率的标准化和提高，百货商店开始寻求新的方法来利用工资差异。[33]方法之一是开发新的服装系列，例如，休闲工装裤，可以由“工作服类”工人来生产。由于运动服属于相对较新的服装类型，管理其生产的工资率模棱两可，这意味着可以由工作服类缝纫工人来制造女式工作服，进而降低单位成本。农村地区没有工会的制造商也都用这种做法来招揽生意。[34]南部和西南部的制造商特别迅速地采用了工作服状态，以阻挠南部地区提高工资的努力。[35]因此，北部女装行业强大的工会化、区域工资率不断提高的标准化，以及1933年《棉花法》规定的特殊工作服工资率，这三者共同解释了为什么高端百货商店从1934—1935年加大了女性休闲工装裤的销售力度。

后来发生了三件大事，影响了百货商店的工装裤销售，这也证明了《国家救济法》的法规在促进百货商店销售工装裤的最初决定中所起到的重要作用。第一，美国最高法院于1935年废除了《国家救济法》的服装规定，此后，普通百货公司的工装裤广告就减少了；第二，一系列新的工会合同恢复了类似于1936年和1937年《棉花法》的工资差异，此后，百货公司的工装裤广告又有所恢复；[36]第三，1941年军方购买牛仔裤的价格上涨，此时，工装裤广告数量暴跌，这也表明了百货公司销售工装裤与工资差异有很大关系。[37]这一结论也得到了以下事实的证实：1943年，由于物资短缺，已经买不到李维斯牛仔裤，但在此之前，独立商店的李维斯广告数量并未出现类似的下降。[38]这一证据清楚表明，支持牛仔工作服的法规，以及好莱坞对蓝色牛仔裤的使用是百货商店在20世纪30年代后半期开始销售女式工装裤的关键原因。

对百货公司女式工装裤的事件导向型解释

迄今为止，以事件为中心的分析表明，贸易和劳动法导致百货公司中断惯常做法，迫使百货公司寻求能带来时装声望并保持低成本的替代策略。这些挑战再加上好莱坞对工装裤日益增多的使用以及工作服工资的规定，三者共同促使百货商店尝试销售工装裤。这表明，把牛仔裤介绍给中产阶级女性，其原因并不是生产规范的变化，而是生产规范的中止、《棉花法》的出现，以及像好莱坞赋予工装裤的新内涵和对工装裤的使用等状况。对于事件顺序和时机的关注促使我们提出问题：《棉花法》和百货公司与工作服行业的互动是否促成了随后女装生产的战术转变。

现有证据表明，《棉花法》以及重视由工作服工厂生产的女式运动服和工作服的决策会影响百货公司重新安排女装的销售。也就是说，百货公司与工作服公司和工会合作，根据《棉花法》权衡生产方法，然后利用工作服工厂生产运动服和牛仔裤。这种做法促使那些负责选择服装和管理生产过程的人开始去适应泰勒原理（Taylorist Principles），该原理是工作服生产商从20世纪20~30年代初期逐渐发展起来的。1942年，时装设计师伊丽莎白·豪斯（Elizabeth Hawes）出版了《为什么是连衣裙？》（*Why Is a Dress*？）[39]一书，描述了女装行业的变化，由此说明百货商店越来越多地采用工作服制造商的服装设计和生产方法。百货商店的这种做法还体现在以下事件中：1936~1942年，一些工厂寄信给服装工人联合会（United Garment Workers）寻求建议，想要知道在生产中如何实施新的泰勒制管理。[40]正如伊丽莎白·豪斯指出的那样，一旦百货公司在管理服装生产时采用了新的泰勒制策略，并意识到所节省的费用，它们就会越来越多地选择这种在泰勒制管理下可以轻松高效地开展制造的设计。[41]因此，《棉花法》以及工作服和较简约的运动服的推出，不仅帮助女装购买者认识到了销售精简设计（该设计适于工作服领域所采取的泰勒原理）所带来的好处，还促使其思考后来的服装设计是否也能使用泰勒原理来轻松制造。[42]

到目前为止，笔者已经回答了为什么百货商店开始向中产阶级妇女销售工装裤这个问题。针对以法恩和利奥波德生产体系（Fine and Leopold’s production）为导向的框架而进行的以事件为中心的改动，最佳效果也就是如此了。但是，仅此一点无法解释为什么中产阶级消费者最终在1939年和1940年接受了蓝色牛仔裤，下面我们将就此进行探讨。

制造商设计并销售李维斯品牌蓝色牛仔裤

20 世纪 20 年代初期，男式工作服行业与女装行业截然不同。李维斯公司和 Lee 公司（全称 H. D. Lee 公司）组织公司内部的生产，并运营独立社区商店的区域分销网络。由于这些商店中有许多是其社区中服装和消费信贷的唯一供应商，因此与其他供应商之间几乎没有竞争。但是，到 20 世纪 20 年代中期，像杰西潘尼（J. C. Penney）这样的折扣连锁店和西尔斯（Sears）这样的邮购公司开始与独立社区零售商展开激烈竞争。[43] 诸如 Lee 公司和奥什科什工装裤公司（Oshkosh Overall Company）等制造兼销售的公司开始向连锁商店售卖自己生产的部分服装，此时，地方性的独立商店仍然是它们最赚钱的客户。随着这种情况的发生，折扣连锁店的影响越来越大，压低了制造兼销售公司的牛仔裤价格。

结果，李维斯公司和 Lee 公司开始采取许多措施来降低其生产成本。为此，他们尝试了泰勒原理，将整个服装生产分解为一系列单独的简单任务，引入了新的时间和生产率核算方案，并尝试重组车间以更好地管理各项任务之间的工作流程。[44] 此外，它们增加了广告投放，制作了自己的商品目录和商店信用卡。这些广告强调了牛仔裤和工装裤作为工作服的实用性。（图 1–1）制造商很注重广告传单的制作，而少数几家独立商店的广告却只是列出了蓝色牛仔裤的价格，两者形成了鲜明的对比。[45]

但是，在 20 世纪 30 年代的前 5 年，制造兼销售的公司开始尝试降低生产成本，并寻求新的市场。李维斯公司于 1933 年率先推出了针对中产阶级度假牧场和西部边疆主题的牛仔裤，并于 1934 年率先设计了中产阶级女式牛仔裤。1935 年，李维斯女士牛仔裤系列时装在《时尚》杂志上传播开来，此后，Lee 公司和奥什科什公司等其他几家大型制造商销售一体公司也开始仿效李维斯公司。[46]

为什么制造兼销售公司在 20 世纪 30 年代初开始注重西部电影、西部边疆、度假牧场和中产阶级的内涵呢？为什么李维斯公司能独领风骚呢？

工作服行业生产和分销条件的变化

要回答这些问题，首先必须了解为什么李维斯公司以及最终其他制造兼销售公司会致力于中产阶级市场。从消费角度进行的解释将李维斯公司的活动归因于西部电影和度假牧场的流行，以及好莱坞明星对李维斯牛仔裤的穿着。但是，从1930—1938年，西部类型电影的受欢迎程度和声望却在直线下降。[47] 此外，尽管少数洛杉矶、纽约和芝加哥的新闻报道提到了1928—1930年度假牧场对李维斯牛仔裤的使用，但直到1933年底并没有进一步提及这一点。[48] 那么，为什么李维斯公司刚好在1933年要开始把稀缺资源用来宣传中产阶级的牛仔概念呢？其主要原因与折扣连锁店对工作服市场不断增强的控制力有关，也与1934年在旧金山发生的抵制李维斯牛仔裤的活动有关。

农民和工人的消费急剧下降是导致制造兼经销公司的零售体制转变的主要危机。从1929—1932年，工业失业人数从150万人飙升到1500万人。与此同时，农业收入从每年120亿美元下降到53亿美元。结果，工人和农民在工作服上的支出急剧下降。[49]

工作服需求的下降影响了所有参与者，而资本雄厚的折扣连锁店遭受的损失要小得多。实际上，工作服需求的暴跌使折扣连锁店能够利用其优越的购买力从工人和制造商那里获得空前的优惠，因而能够将工装裤的价格从1929年的每条1美元20美分降低到1932年的每条89美分。[50] 由于价格较低且现金储备充裕，连锁店削弱了独立零售商的地位，而独立零售商正是李维斯公司和Lee公司的依靠，是它们最赚钱的生意。[51] 更糟糕的是，许多工人和农民不仅不再从当地的商店购买牛仔裤，而且不再支付之前赊购牛仔裤的账单。到1931年底，许多独立商店关闭，占1926年已有独立商店数量的43%。而那些幸存下来的商店通常缺乏现金，无法迅速补充其工作服库存。[52]

结果，李维斯公司在1932年的销售额仅为1929年的一半。该公司和Lee公司以及其他一些公司都缩短了工作周，并暂时关闭了工厂。[53] 而与此同时，这些公司的南部竞争者价格最低，得到了实际性的发展，因为折扣连锁店增加了从南部的购买量。[54] 连锁店建立起连接东南西北的分销制度，这种能力使他们比小镇零售商更具优势。而到 1933 年，更多

图 1-1　售货员推销李维斯公司工作服所用的传单，约 1926 年，由旧金山李维斯公司档案馆授权使用

的本地商店关门大吉。[55]

因此，制造兼销售公司失去了独立零售商，又想要以高价销售牛仔裤，这为他们寻求替代市场提供了强大的动力。李维斯公司是唯一不定期向连锁店出售牛仔裤的制造兼销售公司，因而受到这些损失的打击尤为沉重。到 1933 年，李维斯公司担心在没有忠诚的小镇商店的情况下公司是否还能生存，于是开始尝试开发一系列广告，充分利用好莱坞影片在大牧场环境中对李维斯牛仔裤的使用。[56] 然而，1934 年，由于李维斯公司没有参加工会，旧金山工人不再购买李维斯牛仔裤。此后，公司大幅增加了对中产阶级度假牧场主题的投入。

1934 年的抵制活动是决定性事件，促使李维斯公司将大量资源投入中产阶级边疆主题的广告活动

1933—1934 年在加利福尼亚和旧金山发生的劳工动乱是抵制事件的催化剂。[57] 在加利福尼亚州的田野、工厂和码头发生了工人阶级的骚动以及对工人的残酷镇压，引起了人们对工业界的广泛厌恶，也进一步激发了支持工人的情绪，尤其是在旧金山。这导致工人同心协力发起运动，提倡人们只购买带有工会标签的消费品。[58] 虽然其他主要的制造兼销售公司已经成立了工会，但李维斯公司直到 1937 年才签署工会合同。[59] 因此，整个 1934 年，通常对公司忠诚的街区商店也被工人强迫停止销售李维斯牛仔裤。最后，1934 年，李维斯公司在旧金山只剩下唯一一家销售李维斯蓝色牛仔裤的专营店，是旧金山郊区的一家面向中产阶级的马鞍制作车间。[60] 从这一刻开始，李维斯公司开始投入异乎寻常的精力，致力于中产阶级的牛仔和边疆主题。一位公司经理回忆起这段时期时说到，“我们对（李维斯牛仔裤）充满了想象。它与工作服不同……我们在广告中一直采用西部主题。”[61] 持续的广告最终得到了回报：1935 年《时尚》杂志刊登了一篇关于李维斯女士牛仔裤系列的文章。然后，这项最初的成就说服了像 Lee 公司一样的其他制造兼销售公司，它们开始模仿李维斯公司的风格和营销信息，以期摆脱连锁店不断增强的霸权和控制。[62]

以上以生产为导向的叙述充分解释了制造兼销售公司如何开始用广告宣传中产阶级的边疆和牛仔主题。显而易见，制造兼销售公司对古老西部主题的重视程度尤其取决于李维斯公司的具体经验。独立零售店相对于连锁店所遭受的损失，以及像李维斯公司与加利福尼亚大牧场主和好莱坞明星之间的特殊历史关系这类独特的情况，这些条件综合起来促使李维斯公司致力于度假牧场主题，这也鼓励了其他人效仿。1934 年在旧金山发生了抵制李维斯牛仔裤的特定事件，进一步增强了该公司对牧场主题的投入，而这一切都发生在该想法实实在在提高销售量之前。此外，《时尚》杂志刊登的李维斯女士牛仔裤系列专题文章进一步强调了西部牛仔裤主题的合理性。

这些努力使李维斯具有标志性的“西部风格”蓝色牛仔裤（带有铜铆钉、红线接缝和皮革补丁）在 1934 年和 1935 年的广告文化中得以传播，成为西部边疆的专用象征，尤其是在加利福尼亚州。但是全国范围内对“西部风格”蓝色牛仔裤的喜好和渴望却是在 4 年之后，那时，东部的商店也开始定期销售李维斯牛仔裤了。这一切仅靠广告是无法实现的。显而易见的是，加利福尼亚艺术家利用西部风格的牛仔裤讲述了黑色风暴事件（dustbowl）移民以及大萧条的故事，这也在很大程度上形成了这样的结果。

从平凡的工作裤到工人阶级的象征

正如许多历史学家所观察到的那样，大萧条带来的经济混乱和不确定性导致全社会都“无法想象已经发生了什么以及接下来会发生什么。”[63]最初，几乎没有人报道过大萧条的深远影响。但是，随着《新政》（*New Deal*）的出台，人们开始推行支持工人的立法，那些在 1930—1933 年工作条件严重恶化的工人得到鼓舞，作为回应，他们发起了美国历史上规模最大的一波工人激进主义和战斗精神。强烈的社会断裂感使作家、艺术家和歌手开始了解美国不太为人所知的方方面面，寻找“真正的美国”。[64]在此过程中，重复记录或者援引最多的形象就是穿着工装裤和直筒蓝色牛仔裤的劳动大众。

迭戈·里维拉（Diego Rivera）于1933年在底特律（Detroit）的福特胭脂河工厂（River Rouge Ford factory）创作了一些壁画，画中与机器紧密相伴的城市工人穿着牛仔裤和工装裤。查理·卓别林（Charlie Chaplin）于1936年拍摄的电影《摩登时代》（*Modern Times*）中，卓别林和他的同伴陷入了流水线无休止的快节奏和机器之中，而牛仔裤和工装裤则为他们提供防护。[65]新创办的摄影杂志和周日新闻摄影增刊都拍摄了穿着牛仔裤的、处境艰难的南部纺织工人，一贫如洗的佃农，以及正在罢工的矿工。其中许多照片是由为政府机构工作的摄影师拍摄的，他们免费传播这些图像，以寻求公众对其社会议题的支持。[66]这些农村佃农和城市雇工的肖像和全景图中都有蓝色牛仔裤，蓝色牛仔裤因而成为帮助人们记忆的图像，于是在20世纪30年代中期引发了席卷美国的“阶级的新图像和语言”。[67]

审美事件在将“工人阶级牛仔裤”转变为“美国牛仔裤”过程中所起的作用

这些美学上的变化表明了牛仔裤最初如何抓牢美国人的想象力，但并没有解释西部牛仔裤和李维斯牛仔裤为什么具有如此强大的象征意义，成为象征“美国人”的符号。简单的解释是，在加利福尼亚大量传播的铜铆钉西部蓝色牛仔裤的广告对于加利福尼亚艺术家来说是一种颇具吸引力的象征和资源。他们将西部牛仔裤作为一种象征性的资源，因为西部牛仔裤拼凑了一个现代的边疆寓言，该寓言将成为理解大萧条时期的主要方式，并将重新定义美国人对自己、对国家的认知。那些形成这种全新边疆寓言的政治事件、艺术家、新闻工作者、政治家和国家官员的全部故事本身就可以是另一篇论文了。下面笔者将总结形成该寓言并帮助将西部牛仔提升为美国符号的关键事件和艺术解释。

摄影师多萝西娅·兰格（Dorothea Lange）和经济学家保罗·泰勒（Paul Taylor）被加利福尼亚州和联邦农业安全局（Farm Security Agency）紧

急指派调查来自西南部的农场工人在加利福尼亚寻找工作时所面临的问题。此时，20 世纪 30 年代新的边疆叙事的轮廓开始形成。兰格和泰勒将这些移民比作现代先驱，他们在陌生的机械化、工业化农业世界中创造了新的生活。兰格经常拍摄穿着李维斯风格蓝色牛仔裤的移民工人，这种风格的牛仔裤在当时的加利福尼亚非常普遍。1935 年，兰格和泰勒发表了题为《再遇篷车队》（*Again the Covered Wagon*）的文章，把难民向西迁移描述为追求"美国边疆传统精神中的个人保护"。但是，他们也警告说，难民抵达时发现的是充满"社会冲突"和不安全性的现代边疆。[68]兰格和泰勒主张政府向这些拓荒工人提供援助，认为这种做法是整治社会冲突"荒野"的现代解决方案，就像《宅地法》（Homestead Act）开拓了 19 世纪古老西部的自然荒野一样。要完全理解这种类比，可以把这些说法与来自西南部的移民工人像牛仔电影般的形象结合起来，他们身着李维斯风格的牛仔裤斜靠在帆布覆盖的破旧汽车旁，或者戴着斯泰森牛仔帽（Stetsons）沿着公路孤独前行。[69]这个故事在思想更开明的人群中引起了共鸣，促使他们创作了许多文章、小册子和书籍。[70]

1938 年，阿奇博尔德·麦克利什（Archibald MacLeish）创作了史诗般的摄影诗集来讲述大萧条时期。该书提出了一个变革性的拓荒神话，将对东方产业工人的大屠杀与西部农业界中佃农和农民工人的挣扎明确联系起来。[71]麦克利什使用了许多兰格拍摄的图像，他提出在美国的扩张主义时期，边疆的魅力使人们对东部的财富集中所具有的邪恶视而不见。对他而言，大萧条既体现了对这种假象的考虑，也体现了新的社会冲突荒野。而要想解决这些冲突，来自所有背景和阶级的工人都必须把重点放在他们共同的人性上。[72]

1939 年 3 月，斯坦贝克出版了小说《愤怒的葡萄》。1940 年，约翰·福特（John Ford）把这本小说改编成了电影。小说和电影中都再次提到兰格和麦克利什把黑色风暴移民视为工人阶级拓荒者的说法。[73]斯坦贝克这本小说广为流传的同时，又声名狼藉，这使得他书中描写的黑色风暴移民家庭——乔德一家——成为这个时代的象征，启发了成千上万篇文章和摄影作品的创作。[74]同时，约翰·福特的电影强调了故事中乌托邦式的农业冲动，也强调支持合理禁止垄断资本，由此将该故事与一种全新的西部电影程式联系起来。福特在1939年由约翰·韦恩（John Wayne）主演的电影《关山飞渡》（Stagecoach）中成功提出了这种新的西部电影程式。[75]仿照这种模式，其他电影制作人重振了受人尊重的西部电影，使其成为大萧条时期的比喻。[76]跟他们的做法一样，对于西部牛仔裤的大量使用也成为西部电影同时暗示工人阶级、西部、平民语言以及美国的前世今生的首选方式。[77]

东部度假牧场和战争的阐释语境：汇集女性时尚牛仔裤和西部边疆风格牛仔裤的含义

上面讨论的事件大大增加了由商界和各州促成的故事，将穿着李维斯服装的牛仔作为美国平等主义的象征。他们鼓励中产阶级的男男女女们加入这个神话似的故事。到1940年，每年有2.5万个家庭访问西部度假牧场，去追求自己的边疆幻想。[78]同时，许多东部农场和度假胜地也在大城市附近建立了度假牧场。[79]旅游文章称赞东部的度假牧场，称其为白领工人提供了西部体验。现在，秘书、办公室文员、银行家和大亨们都可以享受平等的体验：互相直呼其名，穿着相同的西部牛仔裤，参加要求同样苛刻的体育活动。[80]白领女性急于合理地融入有闲精英阶层，于是开始购买百货商店兜售的飘逸潇洒的牛仔裤，以及时尚行家和东部马术商店所排斥的西部牛仔裤。一旦进入度假牧场，白领和中产阶级的男性、女性都通过西部风格和百货商店风格的牛仔裤来实现他们平等的边疆梦，将他们个人的幻想与各州和好莱坞所推崇的更大规模的理念联系起来。根据该理念，西部牛仔裤象征着美国人对精英主义的自命不凡和贪得无厌所持有的“天然的”厌恶。

同时，普通女性对工装裤的使用也正在发生另一种变化。尽管作家们在20世纪30年代一直谴责女式牛仔裤，但随着逐渐逼近的战争对公众看法的改变，象征性地使用工装裤来刻画美国的服装风格和品味这种做法逐渐变得正当合理。到1940年，记者们开始报道爱国的女大学生穿着牛仔裤接受培训，填补由于男性参军而留下的工作空缺。从战争的角度来看，女大学生选择穿牛仔裤似乎突然变成了爱国、务实和节俭的行为，并且与全国从消费主义向战时节约和军事生产的转变保持一致。[81]此外，美国女性（为了战争或者纯粹为了舒适）能够自由选择最适合自己的服装，这与法国和德国绝对禁止妇女穿裤子的行为形成鲜明对比。[82]正如玛琳·黛德丽所说：

认为（女性穿裤子）……不得体这种看法……具有欧洲特色，也已经过时了……这让我想起了我上一次访问法国的经历。当时，女性穿裤子出现在公共场合是非法的……在美国，选择穿裤子是我们妇女所珍视的一点点自由……而女孩则被赋予了更多的着装自由……因为许多女孩在国防方面发挥了作用……裤子更合乎情理……非常实惠……（节省了）内衣和长筒袜……的开销……我想说的是，美国人的方式是让女孩们随心所欲地穿衣服。[83]

战争年代促使许多人将女性的工作和穿着牛仔裤视为爱国主义，视为美国实用主义与民主的象征。战争背景使得百货公司把女式牛仔裤作为美国风格的象征这一做法合理化。对于女性服装，美国与欧洲所持的态度截然不同，这一点尤其能让人把时尚工装裤所体现的性别平等主义与主要为男式的西部蓝色牛仔裤所体现的阶级平等主义联系起来。无论是支持还是反对女性穿牛仔裤，人们都开始认为牛仔裤标志着朝气蓬勃的美国对性别和阶级等级制度的否定，对高人一等的浪费摆阔的厌弃。通过日常使用和新的战争诠释语境，女式时装牛仔裤和男式边疆风格牛仔裤以前互不相干的含义开始融合成一个相互矛盾、变化多端的象征，一个艺术家和普通人会反复提及的象征。

结论

总而言之，本文从总体上介绍了一种基于事件的方法，以此来解释大萧条期间在牛仔裤消费和生产方面发生的广泛变化，进而帮助我们弄清楚哪些监管事件和审美事件最能够带来这种转变。就笔者看来，要弄懂在社会动荡和危机时刻所发生的物质文化剧变，基于事件的方法必不可少，因为它强调生产和消费过程之间的相互作用所具有的变革性意义，也强调独特的生产体制之间或者创造意义的策略之间的转换效应（例如，在女式服装产业网络和工作服装产业网络之间，或者在面向工人阶级和中产阶级的电影和摄影杂志之间）。实际上，这说明经济、政治和文化事件是依情况而定的力量，推动着不同的群体把这些过程和机制联系起来进行重组，从根本上加以改变。

本文表明，作为美国平等主义用于模糊界限的标志，蓝色牛仔裤的出现是事件驱动的结果，无法持久。尽管如此，从更具体的层面上看，这也解释了以下现象：创造出像工装裤这样消弭阶级差异和性别差异的手工艺品和符号是商业实体和国家改革者寻求解决该时期经济和政治危机时不可或缺的组成部分。换句话说，20 世纪 30 年代，所有社会群体的消费都在下滑，这促使从李维斯公司到 20 世纪福克斯电影公司（20th Century Fox）这样的商业实体开始探究和助长这种物质文化和审美，以此吸引新的社会群体购买其产品，进而提升不断下滑的销量。[84] 同时，20 世纪 30 年代初期，公众对美国资本主义制度失去信心，因此，具有改革意识的知识分子和政府官僚之类的人士纷纷追求叙事性、符号和手工艺品，都想把不同的群体和具有不同鉴赏力的人们集中起来，向他们喊话，鼓励尽量多的人理解并支持其改变社会的项目和议程。[85]

简而言之，虽然 20 世纪 30 年代具有社会换位作用的蓝色牛仔裤的出现具有独特性和偶然性，但也体现了一种由危机引发的普遍转向，转向密集型的大众消费形式和大众政治文化形式，而这两类形式正是 21 世纪的典型特征。一旦某种潜力和吸引力变得显而易见，针对超越社会类属的蓝色牛仔裤所进行的实验对于大众文化产业和大众政治而言就特别有用了，人们开始自信满满地复制这些实验。蓝色牛仔裤为何传播得如此密集、如此广泛，远远超越其大萧条时期的发源地？在这一点上，本文无法给出任何更为大胆的断言。尽管如此，在大萧条最严重的那几年出现的蓝色牛仔裤所具有的多变性，无疑使其成为那时新兴的大众文化产业和大众政治中极具吸引力的资源。接下来的文章表明，蓝色牛仔裤的多变性及其与跨界的联系一直是其最重要、最令人难以抗拒的特征。当然，问题依旧如此：这些特征所具有的非凡持久性仍旧与本地化的大众文化产业的传播及深化紧密交织，也与政治动员和文化的大众形式紧密交织，而其紧密程度究竟如何？[86]

注释

① 感谢西安大略大学（University of Western Ontario）提供的社会科学与人文研究委员会内部补助金（Social Sciences and Humanities Research Council Internal Grants），用于资助南方劳工档案馆（Southern Labor Archives）的一部分档案研究。此外，特别感谢西安大略大学社会学系，以及迈克尔·卡罗尔（Michael Carroll）、山姆·克拉克（Sam Clark）和劳拉·休伊（Laura Huey）为笔者提供了良好的写作环境。还要感谢佐治亚州立大学（Georgia State University）南部劳工档案馆的档案保管员特蕾西·乔利·德拉蒙德（Traci JoLeigh Drummond）热情而宝贵的帮助。最后，要感谢利亚·史蒂文森－黑斯廷斯（Leah Stevenson–Hastings）坚持不懈地复印和整理用于分析的材料，这对于本篇文章的写作至关重要。

② Sewell（2005：150）.

③ 关于大众文化产业何时在美国兴起存在分歧。迈克尔·坎曼（Michael Kammen）指出，这些分歧与流行文化和大众文化之间的融合有关。笔者坚信大众文化产业是在 20 世纪 30~50 年代出现的。此时，摄影杂志也出现了，电影开始努力争取尽可能广泛的观众，而富裕女性的服装也普遍开始批量生产。（格林，1997 年；霍斯，1942 年；坎曼，1999 年；梅，2000 年）。

④ Rabine and Kaiser（2006）.

⑤ Fine and Leopold（1993：87–147）.

⑥ Sewell（2005：225–270）.

⑦ 参见《历史的逻辑》（*Logics of History*，Sewell，2005：219，225–

270）。菲利普·麦克迈克尔（Philip McMichael）探讨了这种世界观的方法论含义，即它如何改变了在比较定期互动或稳定互动的现象时必须采用的比较策略（麦克迈克尔，1990 年）。

⑧ Ley (1975).

⑨ Hawes (1942: 12).

⑩ Hawes (1942: 6); Green (1997).

⑪ Mann (2006: 199).

⑫ Berry (2000: 154–160).

⑬ Berry (2000); Denning (1996);‘Detective Lends Motif to Fashion’(1941).

⑭ Cohen (2008); Crane (2000); Mann (2006); May (2000); McComb (2006); Robertson (1996).

⑮ Welters and Cunningham (2005); Thomas (1935); Berry (2000); May (2000).

⑯ ‘Article 10 – No Title’(1941);‘Detective Lends Motif to Fashion’(1941);‘She is Not Sure Where She is Heading in This Angry World ...’(1941); Warner and Ewing (2002).

⑰ Lipovetsky (1994: 58–60).

⑱ Ley (1975: 88).

⑲ Best & Co.(1933); Bullock’s (1934); Green (1997: 114); Macy’s (1933).

⑳ Downey (2007: 62).

㉑ 这些广告模仿了流行的生物制品，突出好莱坞明星的独特品味、习惯和失检行为。根据迈克尔·坎曼的观点，到 20 世纪 20 年代末，艺人传记得到重视，强调艺人的私生活、消费和品味（坎曼，1999 年：第 57 页）。商人在全国杂志上发布穿着他们所售服装的明星照片，进一步印证了这些关注消费的文章 [格莱德希尔（Gledhill），1991 年：第 34–35 页]。

㉒ 尽管在《时尚》杂志发表的文章之后，梅西百货（Macy’s）和贝斯特百货（Best’s）短暂尝试销售了几个星期李维斯牛仔裤。

㉓ Carpenter (1972: 634).

㉔ Carpenter (1972: 600–624).

㉕ Abernathy (1999: 28–32); Howarth et al.(2000).

㉖ Carpenter (1972: 619–620).

㉗ Braun (1947).

㉘ 仅国际女装工人联合会（ILGWU）的成员就从 1933 年春天的 5 万名增加到 1934 年的 20 万名 [赫伯格（Herberg），1952 年：第 47–48 页]。

㉙ 到 1940 年，94%的男装产业都纳入了工厂（格林，1997 年：第 63–71 页）。

㉚ Cobrin（1970 ：200）.

㉛ 到 1934 年，85%的男装贸易已加入工会。在不到 3 年的时间里，国际女装工人联合会的规模增长了 8 倍，从 1932 年的 23876 增加到 1934 年的 198141[卡彭特（Carpenter），1972 年：第 649 页]。

㉜ Carpenter (1972: 734–735).

㉝ Cobrin (1970: 181–182).

㉞ Cobrin (1970: 181).

㉟ Cray (1978: 88); Marsh and Trynka (2002: 24–38); Staff (1933, 1936); Box 268, United Garment Workers of America Records, L1992–17/L1997–08. Southern Labor Archives. Special Collections and Archives, Georgia State University, Atlanta (hereafter referred to as UGWAR SLA).

㊱ 1938 年颁布的《公平劳动标准法》进一步加强了这一点，该法案确立了全国最低工资，并减少了私下的服装生产，以此来加强工会的地位 [布莱克韦尔德（Blackwelder），1997 年：第 39–44 页、第 102–103 页、第 16 页；蒙罗伊（Monroy），2006 年；沃伦斯基（Wolensky），沃伦斯基和沃伦斯基，2002 年）]。

㊲ ‘Plants Here Speed Clothing for Army’ (1941); ‘Pay Rises Sought in Cotton Trades’ (1941).

㊳ ‘Clothes Shortage Found in 25 States’ (1943); Fear Textile Drain in Relief Programs,(1943); Gritz (1943).

㊴ Hawes (1942: 12–24).

㊵ Braun (1947: 1–91); Gomberg (1948); Production Systems. Box 83,

Folder 14: UGWAR SLA.

㊶ Hawes (1942: 87–99).

㊷ Hawes (1942).

㊸ Cobrin (1970); Fraser (1983).

㊹ Cray (1978); Howarth et al.(2000).

㊺ Cobrin (1970: 117–124, 146–149); Cray (1978: 67, 77, 80–82); Fraser (1983: 540); Howarth et al.(2000); 'Penney Spends 2,250,000 Annually' (1928); File 2, Box 4: UGWAR SLA; 12/12/1921 J.C. Penney, Box 391: UGWAR SLA, Staff (1925, 1928). See also HD Lee Boxes 372, 377, 384, 386, 394: UGWAR SLA; Marsh and Trynka (2002: 34–37); Little (1996: 23, 32) and Fraser (1983: 539).

㊻ Downey (2007: 60–64); Marsh and Trynka (2002: 34–55).

㊼ Anderson (2008); May (2000: 283); Scott (1939); Slotkin (1992: 254–257).

㊽ 'Correct Clothes for Feminine "Dudes" ' (1930); 'Melancholy Days?' (1929).

㊾ 'Business World' (1932); Cray (1978: 80); 'Great Depression', *Encyclopedia Americana*; 'Work Clothing Sales Pointed to Employment Turn March 1' (1930).

㊿ UGWA correspondence with J.C. Penney. Folder 2, 3, and 4, Box 2: UGWAR SLA.

51 Cray (1978: 82); Staff (1930, 1931, 1932).

52 Burd (1941); 'Twenty Percent of Small Town Stores are Chains' (1933).

53 Cray (1978: 84); 'Business World' (1932); *New York Times,* 20 July 1932, p. 14; *New York Times*, 30 August 1932, p. 37.

54 Cray (1978); 'Business Notes' (1933); 'Garment Company Plans Five-Day Week' (1930); Organizer Notes, Boxes 386, 389: UGWAR SLA.

55 1930 Articles. Box 2, Folder 4: UGWAR SLA; 'Twenty Percent of Small Town Stores are Chains' (1933).

(56) Downey (2007: 62); Harris (2002: 14).

(57) Denning (1996).

(58) Cray (1978: 85–88); Glickman (1997).

(59) Box 377: UGWAR SLA.

(60) Cray (1978: 85–88).

(61) Cray (1978); Downey (2007: 62).

(62) Downey (1995, 2007: 59–60); Marsh and Trynka (2002).

(63) Denning (1996: 264).

(64) Stott (1973).

(65) Sheeler, 1978; Hurlburt, 1989; Chaplin, *Modern Times*, 1936 (film).

(66) Finnegan (2003: 170–190).

(67) Denning (1996: 8–9)

(68) Taylor (1936a: 350).

(69) Taylor (1936b).

(70) Denning 1996 (268–270); Lorentz, *The Plow That Broke the Plains*, 1936 (film); McWilliams 1939; Steinbeck (1936, 1938).

(71) MacLeish (1977).

(72) Meltzer (1978: 105).

(73) Loftis (1998: 134–149); Denning (1996: 262); Steinbeck (2002); Ford, *The Grapes of Wrath*, 1940 (film).

(74) Finnegan (2003: 2); 260–268: Denning (1996: 260–268); Loftis (1998: 163).

(75) Grant (2003); Slotkin (1992: 281–303).

(76) Slotkin (1992); May (2000).

(77) 当时的评论员注意到，在更为面向女性和家庭的颂扬牛仔的电影中，以及在新的西方史诗中，西部蓝色牛仔裤的使用增加了，而杂耍牛仔服装的使用则下降了 [斯科特（Scott），1939 年]。

(78) “More Ranches for Dudes,” 1936; Zimmerman, 1998.

(79) Zimmerman (1998).

⑧⓪ Markland (1939, 1940, 1941, 1942a, 1942b); Ray (1941).

⑧① 'Barnard Girls Get Auto Repair Study' (1941); 'College Girls Ask for "Sense" in Clothes, and they Get It at Mary Lewis Showing' (1942); 'Coming Fashions. Defense Activities Influence Fashions' (1942); 'Duty Duds and Other Practical Things are Worn at Showing of College Fashions' (1942); Gardener (1941); 'Girls Will be Boys' (1942); JTH (1940); Pope (1941); Schnapper (1939).

⑧② Hawes (1942: 63–66).

⑧③ Godychaux (1941).

⑧④ Hawes (1942); Kammen (1999); May (2000); Slotkin (1992).

⑧⑤ Denning (1996).

⑧⑥ On extensification and intensification see Mintz (1986).

参考文献

[1] Abernathy, F.H., Dunlop, J.T., Hammond, J. and Weil, D.(1999), *A Stitch in Time: Lean Retailing and the Transformation of Manufacturing – Lessons from the Apparel and Textile Industries*. Oxford: Oxford University Press.

[2] Anderson, C.(2008), The Western Film ... by the Numbers! Retrieved 27 January 2009.

[3] 'Article 10 – No Title' (1941). *Washington Post*, 31 August.

[4] 'Barnard Girls Get Auto Repair Study' (1941), *New York Times,* 14 February.

[5] Berry, S.(2000), *Screen Style: Fashion and Femininity in 1930s Hollywood,* Minneapolis, MN: University of Minnesota Press.

[6] Best & Co.(1933), Display Ad 7. *New York Times,* 11 June, p. 7.

[7] Blackwelder, J.K.(1997), *Now Hiring: The Feminization of Work in the United States, 1900–1995*. College Station, TX: Texas A&M University Press.

[8] Braun, K.(1947), *Union-Management Co-operation. Experience from the Clothing Industry,* Washington, DC: Brookings Institution.

[9] Bullock’s (1934), Display Ad 14, *Los Angeles Times*, 22 January.

[10] Burd, H.A.(1941), ‘Mortality of Men’s Apparel Stores in Seattle, 1929–1939’, *Journal of Marketing,* 6(1): 22–26.

[11] Business Notes (1933), *New York Times,* 20 June, p. 35.

[12] Business World (1931), *New York Times,* 22 December, p. 43.

[13] Business World (1932), *New York Times,* 4 February, p. 37.

[14] Carpenter, J.T.(1972), *Competition and Collective Bargaining in the Needle Trades 1910–1967,* Ithaca, NY: New York State School of Industrial and Labor Relations.

[15] ‘Clothes Shortage Found in 25 States’ (1943), *New York Times,* 4 January, p. 14.

[16] Cobrin, H.A.(1970), *The Men's Clothing Industry. Colonial Times through Modern Times.* New York: Fairchild Publications Inc.

[17] Cohen, L.(2008), *Making a New Deal: Industrial Workers in Chicago, 1919–1939.* Cambridge: Cambridge University Press.

[18] ‘College Girls Ask for “Sense” in Clothes, and They Get It at Mary Lewis Showing’ (1942), *New York Times.* 6 August.

[19] ‘Coming Fashions. Defense Activities Influence Fashions’ (1942), *Hartford Courant,* 25 May.

[20] ‘Correct Clothes for Feminine “Dudes”’ (1930), *New York Times,* 6 July, p. 96.

[21] Crane, D.(2000), *Fashion and Its Social Agendas: Class, Gender, and Identity in Clothing,* Chicago, IL: University of Chicago Press.

[22] Cray, E.(1978), *Levi's,* Boston, MA: Houghton Mifflin.

[23] Denning, M.(1996). *The Cultural Front: The Laboring of American Culture in the Twentieth Century,* London: New York: Verso.

[24] ‘Detective Lends Motif to Fashion’ (1941), *New York Times,* 27 August.

[25] Downey, L.(2007), *Levi Strauss & Co.& Co,* Charleston, SC: Arcadia Pub.

[26] ‘Duty Duds and Other Practical Things are Worn at Showing of College

Fashions' (1942), *New York Times,* 11 August.

[27] 'Fear Textile Drain in Relief Programs' (1943), *New York Times,* 11 November, p. 33.

[28] Fine, B. and Leopold, E.(1993), *The World of Consumption,* London: Routledge.

[29] Finnegan, C.A.(2003), *Picturing Poverty: Print Culture and FSA Photographs,* Washington, DC: Smithsonian Institution Press.

[30] Fraser, S.(1983), 'Combined and Uneven Development in the Men's Clothing Industry', *Business History Review,* 57(4), 522–547.

[31] Gardener, J.(1941), 'The Young Crowd Design Their Own Fashions', *Christian Science Monitor,* 31 July.

[32] 'Garment Company Plans Five-Day Week' (1930), *New York Times,* 11 December, p. 2.

[33] 'Girls Will Be Boys' (1942), *Hartford Courant,* 9 August.

[34] Gledhill, C.(1991), *Stardom: Industry of Desire*, London: Routledge.

[35] Glickman, L.B.(1997), *A Living Wage: American Workers and the Making of Consumer Society,* Ithaca, NY: Cornell University Press.

[36] Godychaux, M.(1941), 'History in the Making. Front Door Ballot Box Forum', *Los Angeles Times,* 10 August.

[37] Gomberg, W.(1948), *A Trade Union Analysis of Time Study,* Chicago, IL: Social Science Research Associates.

[38] Grant, B.K.(2003), *John Ford's Stagecoach,* Cambridge: Cambridge University Press.

[39] Green, N.L.(1997), *Ready to Wear, Ready to Work,* Durham, NC: Duke University Press.

[40] Gritz, E.D.(1943), Agency Says Needs Will Be Met, *Washington Post,* 26 May, p. 15.

[41] Harris, A.(2002). *The Blue Jean,* New York: Power House Cultural Entertainment Inc.

[42] Hawes, E.(1942), *Why Is a Dress?* New York: Viking Press.

[43] Herberg, W.(1952), 'The Jewish Labor Movement in the United States', *Industrial Labor Relations Review,* 5(4): 501–523.

[44] Howarth, G., Martino, T., Melton, S., Miegel, A., Morley, J. and Weissman, M.(2000), 'Levi's a Company as Durable as its Jeans'.

[45] Hurlburt, L.P.(1989), *The Mexican Muralists in the United States*. Albuquerque, NM: University of New Mexico Press.

[46] JTH (1940), 'Coeds Tell What They like at Boston Clothes "Parade"', *Christian Science Monitor,* 25 July, p. 9.

[47] Kammen, M.(1999), *American Culture, American Tastes: Social Change and the Twentieth Century,* New York: Knopf.

[48] Ley, S.(1975), *Fashion for Everyone. The Story of Ready-To-Wear,* New York: Charles Scribner's Sons.

[49] Lipovetsky, G.(1994), *The Empire of Fashion: Dressing Modern Democracy,* Princeton, NJ: Princeton University Press.

[50] Little, D. and Bond, L.(1996), *Vintage Denim,* Salt Lake City: Gibbs–Smith.

[51] Loftis, A.(1998). *Witnesses to the Struggle: Imaging the 1930s California Labor Movement,* Reno: University of Nevada Press.

[52] MacLeish, A.(1977), *Land of the Free,* New York: Da Capo Press.

[53] Macy's (1933, 06/07), Display Ad 6, *New York Times,* 7 June, p. 5.

[54] Mann, W.J.(2006), *Kate: The Woman Who Was Hepburn,* New York: Macmillan.

[55] Markland, J.(1939), 'Dude Ranch Comes East', *New York Times,* 11 June, p. XX5.

[56] Markland, J.(1940), 'Ranges in the East', *New York Times,* 26 May, p. XX1.

[57] Markland, J.(1941), 'The East Goes West: A Tenderfoot Gets Tough Riding a Dude Range Not Far from City', *New York Times,* 25 May.

[58] Markland, J.(1942a), 'Eastern Dude Ranches Busy Amid Colorful Autumn Scenes', *New York Times,* 18 October, p. D7.

[59] Markland, J.(1942b), 'Eastern Dude Ranches Offer Outdoor Life near Big Cities' , *New York Times,* p. D9.

[60] Marsh, G., and Trynka, P.(2002), *Denim: From Cowboys to Catwalks. A Visual History of the World's Most Legendary Fabric,* London: Aurum Press.

[61] May, L.(2000), *The Big Tomorrow: Hollywood and the Politics of the American Way,* Chicago, IL: University of Chicago Press.

[62] McComb, M.C.(2006), *Great Depression and the Middle Class: Experts, Collegiate Youth, and Business Ideology, 1929–1941,* New York: Routledge.

[63] McMichael, P.(1990), 'Incorporating Comparison within a World–Historical Perspective: An Alternative Comparative Method' , *American Sociological Review,* 55 (June), 385–397.

[64] McWilliams, C.(1939), *Factories in the Field,* Boston: Little, Brown & Co.

[65] Melancholy Days?(1929), *Chicago Tribune,* 1 September.

[66] Meltzer, M.(1978), *Dorothea Lange: A Photographer's Life,* New York: Farrar, Straus, Giroux.

[67] Mintz, S.(1986), *Sweetness and Power: The Place of Sugar in Modern History,* Middlesex, UK: Penguin Books.

[68] Monroy, D.(2006), 'Los Angeles Garment Workers' Strike' , in V. Ruiz (ed.), *Latinas in the United States,* Minneapolis: Indiana University Press, pp. 408–410.

[69] 'More Ranches for Dudes' (1936), *New York Times,* 14 June.

[70] 'Pay Rises Sought in Cotton Trades' (1941), *New York Times,* 21 March, p. 23.

[71] 'Plants Here Speed Clothing for Army' (1941), *New York Times,* 12 January, p. 40.

[72] Pope, V.(1941), 'Defense Workers Inspire New Mode' , *New York Times*, 8 August.

[73] Rabine, L. and Kaiser, S.(2006), 'Sewing Machines and Dream Machines in Los Angeles and San Francisco: The Case of the Blue Jean' , in C. Breward

and D. Gilbert (eds), *Fashion's World Cities,* New York: Oxford, pp. 235–250.

[74] Ray, G.E.(1941), 'Down the Long Pack Trail', *Independent Woman,* 22 (July): 202–204.

[75] Robertson, P.(1996), *Guilty Pleasures: Feminist Camp from Mae West to Madonna,* Durham: Duke University Press.

[76] Schnapper, B.M.(1939), 'Recruits are Ready for War', *Washington Post,* 8 October.

[77] Scott, J.(1939), 'Current Film and Play Productions... Hollywood Today', *Los Angeles Times,* 5 March, p. C4.

[78] Sewell, W.(2005), *Logics of History: Social Theory and Social Transformation,* Chicago: University of Chicago Press.

[79] 'She is Not Sure Where She is Heading in This Angry World ...' (1941), *New York Times,* 7 December.

[80] Sheeler, C.(1978), *The Rouge, the Image of Industry in the Art of Charles Sheeler and Diego Rivera,* Detroit: Detroit Institute of Arts.

[81] Slotkin, R.(1992), *Gunfighter Nation: The Myth of the Frontier in Twentieth-century America,* New York: Atheneum.

[82] Staff.(1925), 'Chain Store Expanding', *Los Angeles Times,* 21 July, p. 16.

[83] Staff.(1928), 'Penney to Show Gain in Earnings', *Los Angeles Times,* 21 December, p. 7.

[84] Staff.(1930), 'Penney Cuts Prices to New Cost Basis', *New York Times,* 22 June, p. N18.

[85] Staff.(1931), 'Many Sears Prices Back to 1913 Level', *Wall Street Journal,* 22 May, p. 4.

[86] Staff.(1932), 'Sears Cuts Prices, Stresses Quality', *Wall Street Journal*, 16 July, p. 11.

[87] Staff.(1933), 'Two Men' s Clothing Codes'. *New York Times*, 18 July, p. 9.

[88] Staff.(1936), 'AFL Strikes Back', *Wall Street Journal*, 23 November, p. 4.

[89] Steinbeck, J.(1936), 'The Harvest Gypsies', *San Francisco News*, 5–12 October.

[90] Steinbeck, J.(1938), *Their Blood is Strong*, San Francisco: Simon J. Lubin Society of California.

[91] Steinbeck, J.(2002), *The Grapes of Wrath*, New York: Penguin.

[92] Stott, W.(1973), *Documentary Expression and Thirties America*, New York: Oxford University Press.

[93] Taylor, P.S.(1936a), 'Again the Covered Wagon', *Survey Graphic*, 24: 349.

[94] Taylor, P.S.(1936b), 'From the Ground Up', *Survey Graphic*, 25: 526–529.

[95] Thomas, D.(1935), 'Katie Gets a Haircut', *Washington Post*, 29 September, p. SM3.

[96] 'Twenty Percent of Small Town Stores are Chains' (1933), *Wall Street Journal*, 29 November, p. 6.

[97] Warner, P.C. and Ewing, M.(2002), 'Wading in the Water: Women Aquatic Biologists Coping with Clothing, 1877–1945', *BioScience*, 52(1): 97–104.

[98] Welters, L., and Cunningham, P.A.(2005), *Twentieth-Century American Fashion*, Oxford: Berg.

[99] Wolensky, K.C., Wolensky, N.H. and Wolensky, R.P.(2002), *Fighting for the Union Label: The Women's Garment Industry and the ILGWU in Pennsylvania*, University Park, PA: Pennsylvania State University Press.

[100] 'Work Clothing Sales Pointed to Employment Turn March 1' (1930), *New York Times*, 30 March, p. N22.

[101] Zimmerman.(1998), 'Western Beginnings', unpublished Master's thesis, American Studies Program, University of Virginia.

引用影片

[1] Chaplin, C.(prod.)(1936), *Modern Times*, United Artists.

[2] Lorentz, P.(prod.)(1936), *The Plow that Broke the Plains*, Resettlement Administration.

[3] Zanuck, D.(prod.)(1940), *The Grapes of Wrath*, 20th Century Fox.

－2－

有趣的牛仔裤：宝莱坞银幕上的牛仔裤

克莱尔·M. 威尔金森－韦伯

引言

2008 年在孟买（Bombay）访学期间，笔者与一位年轻的服装助理坐在孟买郊区的一家咖啡馆聊天，并问她为电影寻找牛仔裤货源的频率。她回答道："牛仔服在电影中特别流行。演员在整部电影中都穿着牛仔服。除非穿西装，否则他们必穿牛仔裤。我想不出在哪部电影里演员没有穿过牛仔裤，哪怕是女演员。"

这种说法并没有引起人们特别的关注，直到他们细细思量后发现，到 20 世纪 80 年代后期，电影中穿牛仔裤的现象已经令人不可思议。完整地观看几部 20 世纪 60 年代和 70 年代流行的印地语电影（Hindi films），甚至是那些当时的时髦电影，完全有可能在电影里看不到一条蓝色牛仔裤或一件牛仔夹克。

直到 20 世纪 80 年代末期和 90 年代印度经济转型，牛仔服才开始在印度媒体上更频繁出现，变得引人注目。[①] 从那时起，宝莱坞（Bollywood）对引人注目的服装热情不减，在此期间，牛仔裤朝着服装规范化的方向悄无声息地发生了显著的转变。20 世纪 80 年代，消费主义势头开始日益增强，除了其他方面的变化，成衣消费的机会也大幅增加［玛兹穆德（Mazumdar），2007 年：引言第 21 页；韦德万（Vedwan），2007 年：第 665 页；弗迪（Virdi），2003 年］。这一现象与正在加速成为电影服装的牛仔服不谋而合，而在印度次大陆，对于消费主义的手工制品和实践来说,电影仍然是一种极富影响力的视觉资料来源,有时还是主要的来源[玛兹穆德，2007 年：第 18 页和米勒（Miller），本书]。

本篇前半部分依托大部分电影服装研究概述了电影服装中牛仔裤的出现和含义两方面的变化[例如：贝里（Berry），2000 年；布鲁兹（Bruzzi），1997 年；德怀尔（Dwyer），2000 年；盖恩斯（Gaines）和赫佐格（Herzog），1990 年；莫斯利（Moseley），2005 年；斯特里特（Street），2001 年]。正如米勒和伍德沃德（2007 年）所说,如果牛仔裤是多面棱镜，能够检验与现代性相关的一些焦虑，那么，流行的印地语电影中牛仔裤的“工作”就是要详细说明并想办法解决“穿什么衣服”这个挥之不去的焦虑。自殖民时代以来,这个焦虑一直困扰着印度消费者[塔罗（Tarlo）1996 年]。在本文的后半部分，笔者不再进行常规分析，而是要说明有争议性的银幕形象取决于实质性的做法，而这些做法审慎而高明地利用了孟买和其他市场中的品牌产品、假冒产品和复制品。在孟买媒体制作亚文化中，这些做法说明并回应了宝莱坞明星的焦虑，对印度公众来说，宝莱坞明星是重要的牛仔裤模特。在宝莱坞电影中，尽管对大多数南亚观众来说，那些绝妙的场景仍然充满异国情调，遥不可及，但牛仔裤已经成为日常服装（米勒和伍德沃德，2007 年；萨萨泰利，本书），缺乏与大多数印度服装相关的现有服装特征[班纳吉（Banerjee）和米勒，2008 年；塔罗，1996 年）]。银幕上的牛仔裤不同于高级时装，不具有自己的“表述”方式（布鲁兹，1997 年）。相反，如果任由银幕牛仔裤自己发展，它们会以大致相同的语气“表述”与性、人际关系和个人自主权相关的内容，进而避免将其专门用于特定的叙事语境之中。它们会首先指出其相同性和可预测性（米勒和伍德沃德，2007 年：第 343 页）——同系列的颜色、铆钉的排列设计，以及在同一种形式上进行的细微变化。但是对于穿牛仔裤的人来说，这还不够，因为对他们而言，着装是个人魅力和名声的重要标志。为了彰显自己的与众不同[布迪厄（Bourdieu），1984 年]，明星们大张旗鼓地展示所穿服装的品牌。如果做不到这一点，他们就会把个人对牛仔裤的选择与角色刻画相融合，努力凸显其不同凡响，而这些选择都需要交由设计师及其助手来实现。只有明星才有这种能力，性格演员和临时演员，甚至是明星的替身都做不到这一点。

这些品牌宣言暗示出孟买零售生态的局限性，严格限制了纯影迷可以模仿明星的程度。有些人购买了自己电影偶像所穿的衣服，但穿上后看起来却不是偶像穿出来的效果，因而感到很失望，他们可能会认为“所见非所得”（what one sees is not what one gets）。相反，从服装公司的角度来看，“所得不一定为所见”（what one gets is not necessarily what one sees）。早在电影上映之前，关于错觉、消解和操纵的游戏就已经开始。

牛仔裤与华丽壮观：银幕上的牛仔服

在印度的各个电影中心之中，孟买（Mumbai，在电影界和本篇中也被称为 Bombay）的电影业在印度乃至全球范围内都广为人知［德怀尔和帕特尔（Patel），2002 年：第 8 页；甘蒂（Ganti），2004 年：第 3 页；玛兹穆德，2007 年：第 18 页；拉贾德雅克萨（Rajadhyaksha），2003 年］。从一开始，服装就一直是电影发展过程中独特的视觉享受之一［波米克（Bhaumik），2005 年：第 90 页；德怀尔，2000 年；德怀尔和帕特尔，2002 年：第 52 页；威尔金森－韦伯，2005 年：第 143 页］。如果在某种程度上无法拥有华丽壮观的事物，或者在相当多的条件限制下才能拥有，那么，可以说，牛仔裤确实仅次于展示出的奢华服装——很少有印度人会不做大幅度改动就直接模仿这些奢华服装。正如米勒在本书中对坎努尔城牛仔裤的研究中指出的那样，印度的牛仔裤仍然是少数人的服装选择，而不是像世界上其他国家一样，是许多人的服装选择。除了国外价格昂贵的品牌牛仔裤之外，印度国产的牛仔裤和从亚洲其他地方进口的牛仔裤（通常是假货）价格和质量各不相同，因此，城市中产阶级和上层阶级（无论男女）以及更广泛社会阶层的年轻人购买牛仔裤比以往任何时候都更容易。当这些消费者判断一件衣服作为服装而具有的“可穿戴性”时，他们不仅在评估成本，同时也在评估这件衣服是否符合服装的社会标准（贝里，2000 年：引言第 14 页）。因此，与几乎其他任何服装都不一样的牛仔裤总是在华丽壮观与世俗平凡之间保持着微妙的平衡。

名人着装会激发人们的渴望和模仿，这一准则得到了普遍认可，并认为观众在购买和实际穿着服装之前，通过观看电影就可以预见服装的可能性[贝里，2000年；德怀尔和帕特尔，2002年；埃克特（Eckert），1990年；斯泰西（Stacey），1994年；斯特里特，2001年：第7页；威尔金森－韦伯，2006年]。为了让电影观众能够预见自己穿上某些服装后的类似效果，需要在角色和场景的描绘中具有一定的自然主义，这样服装才能在最低限度上显得“可穿戴”。除此之外，还必须具有促进人们进行模仿的材料、做法与（社会和意识形态）机制，否则电影观众就不会想要像自己喜欢的演员那样“打扮”。在印度，直到不久以前，只有私人裁缝店或男装店才有能力满足客户模仿电影服装的愿望，这种情况一直持续到20世纪90年代对外国进口限制的放松以及消费品市场的激增[谢克（Sheikh），2007年；威尔金森－韦伯，2005年]。从那时起，开始出现新的购物习惯、购物空间和着装习惯。可以说，印地语电影长期以来都沉迷于权力和地位的物质装备，并借此一直为贝里（2000年：引言第13页）所说的“象征性经济”辩护。在“象征性经济”中，外表管理相当于一套复杂的道德陈述，涉及阶级、种姓和父权制等背景下的自我。电影不折不扣地展示对于这些定位和体验而言至关重要的那一类服装。不仅如此，服装本身对于定义职业、生活方式和身份也至关重要，而正是职业、生活方式和身份凸显出新一代具有全球意识的印度公民，包括公司高管、黑帮老大、记者，甚至是纳斯卡赛车（NASCAR，美国的改装车比赛）车手，以及其他许多人。②

20世纪70年代初期至中期，印度男性电影演员——“男主角”或明星，以及一些配角或性格演员，开始在电影中穿着牛仔裤和夹克。到20世纪70年代后期，印度女性电影明星——“女主角”也开始穿着牛仔裤和夹克。尽管穿着牛仔裤的场合具有明显的自然主义色彩，明星们穿着牛仔服的情形与电影故事中别出新裁的实际情形几乎没有相似之处。相对来说，在电影中穿牛仔服的情况仍然比较稀少，而且，并不是所有电影明星都认可牛仔服。尽管如此，在中产阶级开始接受牛仔裤和夹克是适合印度人的服装的很久之前，电影就已经在使用牛仔服了。[3]

牛仔裤的出现通常意味着电影角色在探索新的身份形式和社会流动形式。在主流电影的重要标题和题材从专注风流韵事转向专注底层主题和对正义的追求之时，牛仔服进入了宝莱坞电影，这也许并不完全是巧合。理论家把动作片和动作影星［其中最重要的是偶像明星阿米特巴·巴强（Amitabh Bachchan）］的出现与印度的社会和政治动荡联系在一起［甘蒂，2004 年：第 32 至 33 页；普拉萨德（Prasad），1998 年］。其他学者指出，在专注友谊（dosti）或男性关系时出现了同性恋潜台词，使异性恋黯然失色［卡维（Kavi），2000 年；拉奥（Rao），2000 年］。与同性恋和异性恋都有关联的是牛仔服的穿着。用拉宾（Rabine）和凯撒（Kaiser）的话来说（2006 年：第 236 页），牛仔服可以“永无休止地适应新的性别和性取向的产生”。与西装或定制全套服装不同，牛仔裤破坏了传统意义上精英与庶民在服装上的区别。明星所穿的牛仔裤理所当然是视觉中心，但是，明星所扮演的角色完全可能是一位下层社会的人物或者社会边缘人物，就像一些资历较浅的表演艺术家所扮演的一些配角或者临时角色。例如，在 1975 年的偶像电影《怒焰骄阳》（*Sholay*）中，穿着牛仔夹克和牛仔裤的达尔门德拉（Dharmendra）扮演的轻罪犯就是该片的主角。

对于男人来说，牛仔裤是西式服装（大部分是衬衫和裤子）的延伸，而印度风格的牛仔裤已广泛流传。但女式牛仔裤明显偏离以及违背了印度风格。富裕阶层（当然不包括下层社会的女性）对牛仔裤的偏好在某种程度上慢慢取代了人们对于女性在公共生活中穿着牛仔裤的得体性的焦虑不安。牛仔裤是从国外进口的服装，男女均可穿着，因而是“非印度风格”的典型代表。此外，它们遮蔽和暴露身体的方式，以及穿着方式也是有问题的。许多女性拒绝穿裙子，因为裙子明显暴露了女性的腿部。与此不同的是，牛仔裤按照现有服装类型的功能（而不总是按照服装的形式）遮蔽了腿部。人们普遍认为丘里达（Churidar，紧身裤）和莎尔瓦（salwar，宽松裤）适合女性，尽管会根据女性特定的宗教、区域和年龄因素加以变化。实际上，在 1969 年印度《电影观众》（*Filmfare*）杂志上一家面料公司的广告中，一位皮肤白皙的女人穿着一块缝制在克米兹（kameez，修身长衫）上的布料，下半身穿着牛仔裤，将其当作一种丘里达。虽然在牛仔裤上穿一件长衬衫在印度仍然很流行，但并不排除穿牛仔裤时搭配上一件较短的上衣，这样就展露甚至凸显出了从膝盖到腰部的身体形态（见本书中萨萨泰利的文章）。在 20 世纪 70 年代和 80 年代初的电影中，像帕尔文·巴比（Parveen Babi）和泽尼特·阿曼（Zeenat Aman）这样的女主角穿着短上衣或紧身上衣，再配上牛仔裤，突破了着装界限，打破了当时的着装风格。这些服装方面的选择表达并证实了她们对角色的诠释，这种诠释拓展了典型的电影女主角的定义界限。作为时尚引领者，她们打破了普通男女的着装规则，其程度尚无定论，因为很少有女性能效仿她们的风格，并且在大多数情况下，甚至是电影女主角们也仍然坚持选择印度服装（偶尔改穿颇受尊敬的职业服装，例如，警察制服）。在对年轻男性和女性的单独研究中，德恩（Derne，1999 年：第 559 页）和贝纳基（Banaji，2006 年）指出，牛仔裤是电影女主角为了“取悦”男主角而穿的挑逗性服装之一。有线电视一直通过印度 MTV 的影像骑师（VJ）提供越来越多穿着牛仔裤的新女性气质模式，尽管如此，直到 2002 年，德里（Delhi，印度城市）的大学还一直禁止年轻女性穿牛仔裤，这是习俗化道德准则的典型，尽管这一准则现在已四面楚歌 [卡利提（Cullity），2002 年：第 421 页]。此外，直到最近，在印地语电影中，对女性在职业、行为和着装方面的自主权进行报复的威胁也不是什么秘密，甚至直接出现在 B.R. 乔普拉（B.R. Chopra）的电影《正义的天平》（*Insaaf ke Tarazu*，1980 年）里。这部影片是美国电影《口红》（*Lipstick*）的翻拍版。影片中，泽尼特·阿曼扮演一名遭到强奸的模特，不得不应对强奸犯被判无罪而带来的后果。电影制作人把阿曼塑造成一名模特，将其不墨守成规的服装作为她的身份核心，而实际上却是她遭受攻击的原因之一。在犯罪现场，她的衣服，包括一条牛仔裤，都转喻性地被袭击者脱下扔掉了。

仅仅在过去的 5 年里，大都市中产阶级中穿牛仔裤的人数就急剧增加，这无疑与这样的观点相矛盾：女性认为银幕上的牛仔裤虽然好看但却“不适合穿着”，就像电影歌舞表演插曲中通常穿着的暴露服装一样。相反，牛仔裤现在似乎正在占领以前由莎尔瓦－克米兹（salwar-kameez）统治的领域，成为“女大学生”的日常服装，这些“女大学生”年轻、时尚，在社会上值得尊敬。这一点在马德哈尔·班达卡（Madhur Bhandarkur）最近的电影《时尚》（*Fashion*，2008年）中表现得很明显，这部影片讲述的是现代印度高级时装界中的性、背叛和腐败等。片中的女主角朴雅卡·乔普拉（Priyanka Chopra）因为是顶级名模的身份而遭受了一些侮辱，于是回到她位于昌迪加尔（Chandigarh）简朴的家中休养。在家里，她穿着牛仔裤，扮演娴静端庄、悔恨不已的女儿。因此，电影女星穿的当代牛仔裤同时也是拥抱身体的物品，传达出自主性与合意性。与此同时，牛仔裤还体现出温顺的青春朝气和身心健康的状态，从而使银幕女主角的刻画具有了一定的多面性。

宝莱坞促销：品牌、欲望和电影

女明星所穿牛仔裤的规范性代表着牛仔服作为电影服装的地位有了重大调整。但是，牛仔裤传达自信和性征的潜力得到最大发展却是在男性明星身上，可以说与女性牛仔裤被“驯化”的程度成正比。精心编排、制作精美的电影插曲是服装商品的主要“广告”空间，完美的身体和服装在运动中融为一体。桑杰·加德维（Sanjay Gadhvi）于2006年拍摄了电影《幻影车神2》（*Dhoom* 2），随着片头曲的展开，观众就欣赏到以跳舞著称的明星赫里尼克·罗斯汉（Hrithik Roshan）的长镜头，他穿着破洞牛仔裤摇摆起舞。另一个更引人注目的例子是来自法拉·可汗（Farah Khan）执导的电影《再生缘》（*Om Shanti Om*，2007年）中的冗长插曲“磨人的迪斯科”（Dard e Disco，英语名 Disco Fever），由沙鲁克·汗（Shah Rukh Khan）主演，表演过程中他穿了至少四条不同的牛仔裤（结尾时选择了炼油厂工人穿戴的木匠裤和安全帽——这一选择虽然令人揣摸不透，但从情节角度来看却至关重要）。在歌曲的前面部分，沙鲁克·汗只穿着一条品牌牛仔裤从水池中走出来［与电影《诺博士》（*Dr No*）中乌苏拉·安德丝（Ursula Andress）从海水中走出来的场景如出一辙]。[4] 这样拍摄的目的是让观众欣赏沙鲁克·汗健美的身材（该片的宣传材料不遗余力地描述了沙鲁克·汗的健身过程），就像传统“歌舞插曲”中将女明星视作欣赏对象一样。

除了一条牛仔裤，什么都不穿，如此理所当然地裸露身体的做法延续下来，形成了目前两种雇用男性电影明星的广告活动。值得注意的是，在这两种活动中，广告文案都强调牛仔服装高度个性化的特征（参见本书中米勒和伍德沃德的文章），以此使观众确信所推荐物品的真实性。威格牛仔裤（Wrangler）聘用了明星约翰·亚伯拉罕（John Abraham），这是其“品牌改革”的一部分，目的是凸显其对城市青年的吸引力[卡纳安（Kannan），2007年]。亚伯拉罕在一系列电子广告和印刷广告中充当威格牛仔裤的模特，要么斜躺在户外浴缸中，要么骑着摩托车，要么赤裸上身只穿牛仔裤在海滩上伸展四肢，甚至扮成泳池男孩，试图表现出一种慵懒的性感。在一段较为激情热辣的视频中，他与穿着威格牛仔服的不太出名的女演员吉雅·罕（Jiah Khan）缠绕在一起。视频结束时，亚伯拉罕仍然躺在同一个浴缸里，只是这次明显是全裸的（因为牛仔裤被丢弃在了附近的树枝上）。[5]

同时，阿克谢·库玛尔（Akshay Kumar）参加了李维斯牛仔裤举行的一项大型活动，获得了大约150万美元（90万英镑）的报酬[乔希（Joshi），2008年]。2008年末，人们可以在班德拉（Bandra，在孟买郊区，是几位电影明星的家乡，也是最受喜爱的购物区）的李维斯商店看到该活动极具挑逗性的大幅图像。在该图像中，一个女人伸手过来要解开库玛尔牛仔裤的扣子，引得观众会心而笑。

整场活动自始至终都在暗指库玛尔自信而性感的银幕形象，但是，该广告也构建了一种相当复杂的性刻画，其中为了使自己具有诱惑性，库玛尔自己与诱惑行为两者同等重要。换句话说，他的外表足以诱使女性“解开”他的衣带，这不仅表明了他对这些性暗示所持的不负责任的态度，而且表明了女性在性表达的可接受范围方面的全新信息。这场活动还包括印度女模特和非印度女模特，知名度高低不一，但大部分都被库玛尔的身体所掩盖。展示他的身体主要是为了想象中的观众，他们开始关注作为李维斯独特设计标志的时尚纽扣。

这些乐曲和广告很可能为女性观众带来愉悦，并为异性恋男性带来间接的理想体验，而这些乐悦和体验并不仅仅是褒扬直接欲望的机会（卡维，2000 年：第 309 页）。事实上，戈皮纳特（Gopinath，2000 年：第 285 页）认为，乐曲以及威格牛仔裤和李维斯牛仔裤的广告活动所包括的更大型的表演正是“幻想之地，其他的描述方式无法涵盖，也无法解释”，其中“出现了同性恋欲望”（戈皮纳特，2000 年：第 285 页），这表明 20 世纪 70 年代和 80 年代由美国同性恋男子首次展现的牛仔服的“大胆情色”（雷宾和凯撒，2006 年：第 244 页）如今已经流传到了新的文化背景之中，并且没有遭遇太多抵触。然而，新形式的异性恋欲望所具有的颠覆性仍然最有可能引起“反弹”。回到阿克谢・库玛尔参加的李维斯牛仔裤广告活动这个例子，他说的一句话解释了该活动的特有主题所具有的吸引力：“‘解开纽扣’这个词对我很有吸引力，因为它不是一种行为，而是一种态度。”据说，他还“告诉过品牌经理，不仅在身体上要解开纽扣无拘无束，整个广告活动的设计都要围绕‘无拘无束地生活’或者‘解放自己’这样的口号。此处的观念关乎自由。”在像孟买这样一个令人疲惫的城市，这种关于叛逆性自由的肆意表达几乎没有任何人再提起，直到 2009 年的拉克姆时装展（Lakme Fashion Show）。当时，库玛尔邀请自己的妻子婷蔻・坎纳（Twinkle Khanna）来进行解扣仪式。此事之后，一位名叫阿尼尔・P. 纳亚尔（Anil P. Nayar）的人突然起诉库玛尔，控告他“在公共场合举止有伤风化”。考虑到这是库玛尔第一次在公共场合由一位具有合法权力的女性解开纽扣，这一指控也就带有了讽刺意味 [英国广播公司（BBC），2009 年]。显然，这场运动（通过牛仔裤意义的延伸）所具有的解放性和色情性与道德立场相抵触。尽管这些道德立场受到许多中上层阶层人士的嘲笑，但仍然对印度的公共文化产生了影响。鉴于李维斯牛仔裤的精心组织与其假定的色情功能（该功能是此次广告运动的一部分）之间存在相当明确的联系，无论该诉讼（在撰写本文时尚未判决）对库玛尔先生的影响如何，都只会加强有关牛仔裤性内涵的信息，特别是当被人迷恋的名人身穿牛仔裤（并威胁要暴露身体）的时候。

模仿与创新：电影内外的牛仔裤

简·盖恩斯（Jane Gaines，1990 年：第 17 页）在介绍一本颇具影响的电影服装女权主义读物时写到，好莱坞服装中的时尚“捆绑”（或者将电影服装转换成“电影风格服装”在零售机构出售）“预示了图像与现实合谋的后现代征兆：真正的服装成了电影中虚构的原作的仿冒品。”盖恩斯指出了“真正的”仿造品与“逼真的”图像之间的复杂关系，这一点完全准确。但是，她忽略了较早时期的一种手法，即在电影拍摄过程中甚至可以指定另一件原创服装“扮演”电影服装。服装的预拍摄阶段为电影制作“生态”开辟了一个新的关键维度，因为不管是在西方国家还是最近的印度，自从可以买到成衣以来，成衣至少已经部分取代了直接用原材料制作电影服装的做法。电影服装创作中的服装和纺织品元素是生产要素，要兼顾审美和实用——如是否能得到？是否合身？除了推动实现设计师和导演的目标之外，是否也推动实现了相关利益各方（例如，演员、广告公司、时装屋、品牌）的商业目标和说服目标？人们为了制作电影而购买的东西会左右电影的拍摄，就像人们观影后可以买到的东西会左右身份认同在电影所定义的领域中的拓展。换句话说，电影服装不仅仅是设计师想象力的有形结果，还是涉及更多社会角色的物质实践的结果。

富裕的孟买购物者可以买到的东西与负责电影服装的服装设计师助理或助理导演在为了电影拍摄而“购物”时看到的东西相同。不同之处在于前者购物只是为了自己，而后者购物是代表演员，因而必须以完全不同的方式想象演员的外表。20 世纪 90 年代初期牛仔服较为少见，而现在，在印度的都市圈中牛仔服随处可见。在孟买，富人生活奢侈，可以在诸如购物驿站（Shopper’ s Stop）之类的百货商店里自由选择购物。在这里，他们可以找到摆满了整个楼层的牛仔裤、衬衫和夹克。2008 年，在班德拉（Bandra）分店中，牛仔裤摆在了两个楼层："时尚服装"和"牛仔服装"。值得注意的是，男女式服装是按照品牌一起展示的，这与印度按性别区分服装的惯用模式不同。"时尚服装"楼层包括各种国际品牌的男式和女式牛仔裤，例如，盖尔斯（Guess）、埃斯普利特（Esprit）、贝纳通（Benetton）、卡尔文·克莱恩（Calvin Klein）和盖斯（Gas）。该楼层周围的广告中，不管男女模特，都是白人——除了不可阻挡的阿克谢·库玛尔，他的李维斯牛仔裤广告图像几乎同真人一般大小，装饰在楼梯的顶部，为品牌增色不少。该楼层的环境音乐包括从恐怖海峡（Dire Straits）到杰弗森飞机（Jefferson Airplane）等乐队的经典摇滚乐歌曲，突显了牛仔服一直以来具有的美国内涵。

"牛仔服装"楼层陈列售卖的印度品牌包括普罗沃格（Provogue）、和设计 [AND，设计师安妮塔·唐格雷（Anita Dongre）的品牌]、雷曼尼卡（Remanika）、万博（Vibe）和克劳斯（Kraus），外国品牌包括威格、佩佩（Pepe）、李维斯和李（Lee）等中坚品牌。在同一层楼的还有彪马（Puma）、阿迪达斯（Adidas）和耐克（Nike）等非牛仔运动服。墙上还有几张印度明星的照片，例如，为 Provogue 牛仔服代言的女演员爱莎·杜尔（Esha Deol），但在外国品牌部分拍摄的模特又大多是白人。对非印度模特的喜好在杂志和报纸广告中也很明显，这说明即使新一代魅力无穷的年轻"宝莱坞"明星也可以拍摄广告，但非印度人依然让人联想到异国情调和卓越价值。

牛仔裤的价格差异颇大，彰显出品牌产品的不同声望。"牛仔服装"楼层的印度牛仔裤起价约 850 卢比[⑥]，然后一路攀升至约 1600 卢比，而威格、李维斯和李等品牌的牛仔裤起价约 1800 卢比，最高达到 3000 卢比。价格最高的是卡尔文·克莱恩牛仔裤，起价 3500 卢比，并在此基础上逐渐攀升。但是，从这些外国品牌牛仔裤内的标签上来看，它们通常是从东南亚的制造中心进口的。

孟买街头有许多牛仔服精品店和品牌专卖店。班德拉郊区的林琴路（Linking Road）沿线购物区很受欢迎，有多家店面销售佩佩、威格和李维斯等品牌牛仔裤。在孟买另一个郊区的洛坎德瓦拉市场（Lokhandwala）

备受中产阶级消费者和电影采购青睐。在这类较小的市场里，小商店里摆满了货架，上面放着折叠整齐的牛仔裤，售货员将牛仔裤一条条拉出来放到柜台上，就跟小型零售商一样。

这些牛仔裤的平均价格为700~1200卢比。这些商店里有亚洲进口的牛仔裤和印度制造的牛仔裤，特别是还有假货。有位售货员就语气真诚（仅带一点点愧疚之情）地告诉笔者，我面前的是迪赛牛仔裤（Diesel），但实际上却是条假货。这条牛仔裤仿得并不太好，针脚粗糙，而且产品标签也缝制得歪歪扭扭。牛仔裤假货的价格为1200卢比，尽管笔者无法确定对假货来说这个价格是否合适，但显然比真正的迪赛牛仔裤便宜（在美国，迪赛牛仔裤平均零售价约为250美元）。街头市场还有更便宜的牛仔裤，价格跌至200卢比左右。

尽管孟买的服装市场显著增长，但最大的宝莱坞电影制作设计师和造型师并未将其视为购买电影主角和顶级明星所需服装的地方。在这方面，孟买与洛杉矶（Los Angeles）有很大区别。洛杉矶虽然不是与纽约和巴黎相提并论的时尚“城市”，但凭借其生产的服装风格形象形成了自己的时装中心和纺织品生产中心（拉宾和凯撒，2006年），在时装和纺织品零售方面也有精心培育的关系。这些关系有利于复杂的互惠互利，包括以“试行”方式提供服装，并可以选择退货，以及允许运走独创服装的多件复制品等。如果没有这种服务，制衣业将会陷入停顿。所有这些链条和联系使得该行业中的大量文化“经纪人”有必要在生产与店铺或时装店之间进行斡旋，在设计师、导演、演员等人之间进行斡旋。最近，洛杉矶已成为重要的“优质”牛仔裤生产地，其牛仔裤的生产与穿牛仔裤的影星密切相关。

相比之下，孟买有几个不足之处。第一个是孟买作为商品市场存在局限性。购买主角服装之后，或者在电影中同一件服装穿过几次有不同程度的磨损或损坏之后，则需要有与这些服装状态相一致的复制品。在北美地区电影服装行业中，服装团队既可以随意买到衣服的复制品，也可以找裁缝缝制几件复制品。但是在印度，由于商店内复制品的库存有限，很难随意买到。[7] 诚然，裁缝可以缝制复制品，但有可能因为布料不足而无法制作，或者演员可能会坚持使用成衣，而不是缝制的复制品（威尔金森 – 韦伯，2010 年）。有人告诉笔者，手工缝制服装越来越昂贵，而成衣可能会更便宜，这意味着如果全球血汗工厂继续廉价出售电影服装，那么电影服装裁缝马上会面临危机。

第二个是孟买没有全套的服装设计师和高端品牌服装，达不到高薪的宝莱坞明星的期望。如今，人们越来越关注、也越来越容易买到品牌牛仔裤，而且，在着装规范方面也发生了巨大变化——关于明星如何公开（以及私下）展示自我，现在的着装规范倾向于一种全新的审美观。与之相对应，牛仔裤正迅速成为明星们的日常服装。对于男性明星来说，这一点尤其显著。对他们来说，无论是在最不正式的场合还是在正式场合，穿牛仔裤都完全合适，最大限度地发挥了牛仔服的潜力，让人既可以“盛装打扮”，又可以“随意穿着”（伍德沃德，本书）。

在北美地区，演员对某些服装品牌的喜好已正式纳入服装的准备环节之中。演员签署影片合同时，其服装尺寸和品牌偏好会立即传达给服装设计师。如果服装要求与该演员在所有演员中的相对地位不相称，则将其忽略。拥有大量产品代言的明星带来的不仅是一系列品牌标签，其代言的实体服装本身也成为了“免费的”电影服装。笔者曾数次听到北美的设计师在讨论演员的品牌偏好时提到牛仔裤的品牌。实力雄厚的演员的确可以得到他们想要的一切：“牛仔裤要 300 美元一条，而且都是名牌。”他们甚至可能会为在现场陪伴他们的朋友索要牛仔裤。有时候，还因为演员明显“想在电影拍摄结束后把衣服带回家”自己穿，而与夸张或者华丽的电影服装相比，牛仔裤适应性更强、更有用。结果，“演员首先告诉我们的就是他穿哪种类型的牛仔裤，这样他就可以把牛仔裤带回家。”在这种情况下，没有其他任何服装会被如此频繁提及，这说明在某种程度上，由于牛仔裤可以在电影场景内外自由转换，定位独特，因而涵盖了专业用途和个人用途，弥补了电影人物和演员之间的差距。

在印度，电影明星一直以来都习惯于设计师对自己的个性化关注或者裁缝提供的个性化服务，现在，明星们也与某些品牌建立了个人联系。电影制作要带上一系列品牌还不太常见，但是，因为明星喜欢在电影作品中拥有自己的个人设计师，所以设计师最有可能了解到明星的个人品牌喜好。在讨论演员的喜好时，提得最多的就是牛仔裤。有人曾经告诉笔者，有一位演员“只穿卡尔文·克莱恩牛仔裤，其他品牌都不穿。如果我给他李维斯牛仔裤，他不但不会穿，还会把牛仔裤扔到我脸上。”事实上，“我们的演员根本不习惯穿印度品牌的牛仔裤。如果要与印度品牌合作，那该怎么办呢？你需要穿迪赛牛仔裤，但你绝不会自降身份去穿”。的确，印度仍在继续生产牛仔服，事实上，总部位于古吉拉特邦（the state of Gujarat）艾哈迈达巴德市（Ahmedabad）的阿尔温德·米尔斯公司（Arvind Mills）曾经是世界第三大牛仔布和成品牛仔裤制造商,也为农村居民提供朴而固（Ruff-n-Tuff）套装“半成品”[巴格海（Baghai）等人，1996 年：第 47 页]。许多全球牛仔品牌都作为阿尔温德（Arvind）的特许产品在印度出售[麦柯里（McCurry），1998 年]。一直以来都有好几个印度品牌牛仔裤,其中,飞行器牛仔裤（Flying Machine）是最著名和最古老的牛仔裤品牌之一。近年来，其他品牌也如雨后春笋般涌现。尽管所有这些印度品牌都有明星代言（例如，女演员爱莎·杜尔已为普罗沃格牛仔裤代言数年），但仍然被认为比不上非印度品牌。

事实上，演员以及一些导演和制片人固执地认为国外品牌的牛仔裤更好，以至于任何一部大预算的印地语电影都会率先在国外市场采购服装。例如，迪赛牛仔裤在全球获得相当好评，颇受欢迎，但目前在印度却买不到[严（Yan），2004 年]。一位设计师说道：“迪赛牛仔裤既美观又合身，男人都喜欢，我们经常用它。”尽管全球商品流通速度迅猛，但设计师和演员仍然认为孟买时装不如欧美时装“时新”。顶级设计师会首先选择从伦敦或纽约采购服装。不过如果时间太紧,则会从迪拜（Dubai）或曼谷（Bangkok）采购。引用另一位助理设计师的话：“对于女士来说,我们从曼谷购得的牛仔裤可能是复制品，但面料确实很好，是具有弹力的,适合我们所有的女演员。这些牛仔裤做工好，很合身。曼谷牛仔裤非常漂亮，适合公共场所，颇具东南亚风格。这里各种设计品牌都有。唐可娜儿牛仔裤（DKNY）比在迪拜便宜，真便宜。”

尽管明星演员需要的只是让他们扮演影片角色的服装，而不是彰显自我的服装，但值得一提的是，该角色并非仅由一个人扮演。例如，可能会有特技演员，其服装几乎不可能与明星的服装品牌相同或品质相同。有时因为特技所需，必须使用不同的服装材料。但在大多数情况下并不值得在特技演员的服装上花同样多的钱。过去，在印地语电影中，特技演员只需与明星大致相似就可以了，一部分原因在于影片拍摄预算紧张或者预算不确定而不得不如此，还有部分原因在于对现实主义准则的要求不太严格（现实主义准则要求角色的各种表演无缝整合）。但是，大预算电影越来越强调“专业化”，需要更仔细地筹备服装，也需要严格遵循现实主义准则，因此，必须更完美地整合电影角色的不同“版本”。过去，设计师和电影服装供应商常常去裁缝店制作服装复制品，而现在，他们只需要购买T恤和衬衫之类的物品就可以了，牛仔裤也是如此。设计师并不总是相信裁缝能够完美地缝制出牛仔裤之类的产品——“有时候做的东西并不好看，但买的衣服看起来却很自然。就像牛仔裤，如果自己缝制，还不如在商店里买的好。”换句话说，相对于（很可能是）血汗工厂的工人而言，本地裁缝的能力没有得到重视。当然，这些想法不太可能阻止裁缝为特技演员制作服装复制品——尽管笔者并没有数据来证明这种情况发生的频率（美国电影服装生产商已坦然认可让裁缝制作各种服装复制品的做法）。在这两种情况下，都是明星在坚持要穿带有所有“品牌”标记的牛仔裤，这些标记能够确认牛仔裤的出处（标签、装饰图案、针脚样式）。通常，个性化服装更受重视，与此模式相反，明星们的服装属于标准化大规模生产的产品，因为他们渴望拥有一种服装品牌，可以将批量生产的牛仔裤中的一类区别开来，形成专属（但并不唯一）的类别，而特技演员的牛仔裤则是量身定制的。

缝制的服装复制品是一种假货，哪怕这些假货融入电影服装实践已经很长时间，但依然是假货。如果设计师都在使用假货或者廉价品牌，那么特技演员或资历较低的演员就更不用说了。由于成衣越来越容易买到，我们也会听说有些明星因“被骗”（不是被设计师欺骗，而是被助理导演和服装师等片场工作人员欺骗）穿了假货，而不是品牌服装。服装师可能会使用各种迂回的做法，甚至把假标签缝制到服装上，以此使演员确信所穿服装是正品。由于时间有限或者预算有限，也许需要采取这些做法，但是，在讲述“制假”故事时明显表现出来的喜形于色却说明演员和剧组工作人员之间也经常存在隐藏的对抗情绪，也体现出切断明星与品牌之间不言而喻的联系所带来的愉悦。有鉴于此，演员要求不管自己个人所穿的牛仔裤还是影片中所穿的牛仔裤都必须是国外品牌，这有可能就是明星的对策，避免无意间穿上假货。正如米勒和伍德沃德所指出的（2007 年：第 338 页），这种欺骗并不取决于当地裁缝的心灵手巧，而是取决于一个简单的事实，“质地和款式几乎没有什么一眼就能看出来的差别，牛仔裤的价格就从 30 美元跃升至 230 美元”。

结论

从 20 世纪 70 年代初期的零星出现到当今的形象泛滥，牛仔服已成为流行印地语电影的重要标志。牛仔裤打破了以往男女装明显不同的缝纫规则，如今电影男女主人公都穿牛仔裤，或娴熟庄重，或公然撩人，有了多种表达和刻画方式。现在，各种各样的牛仔裤，如石磨水洗的、弹力的、仿旧的，都已是耳熟能详的元素，用于表现演员作为电影人物以及作为名人所具有的现代、性感和自由的特点，用李维斯牛仔裤的广告语来说，就是“无拘无束”，同时也表现其明显的印度特色。牛仔服在电影服装中得到广泛使用，具有不同的意义，印度市场上相应地涌现出大量的牛仔裤，而且西方品牌牛仔裤也进入了城市零售店，牛仔裤的发展在过去的几年里达到了顶点。与此同时，牛仔裤已经成为演员在现实生活中必不可少的服装，他们会选择在国外购买的昂贵品牌，尽量让自己与众多影迷区别开来。如果暂时把伍德沃德所说的（本书）日常服装和非日常服装的分类用到演员的个人服装与银幕服装上，很明显，牛仔服在这两个体系中都起到相似的作用。只有牛仔裤才能一再跨越这两个类别，从而模糊演员的个人服装和角色服装之间的界限。也只有牛仔裤才能跨越演员个人服装的私密性，从而在电影中占有一席之地。如果演员坚持使用品牌牛仔裤，但又受到使用替代品的威胁，那是因为与其他服装相比，牛仔服具有独特的亲密性和舒适性，其他情况下也是如此。

因此，电影服装介于个人服装与偶像服装之间，介于品牌的需求与设计师或明星的需求之间（各种品牌在支持需求独特性的同时也在破坏这种独特性），也介于批量生产的品牌服装与量身定做但价值更低的复制品之间。电影中的牛仔裤可以做假，也可以仿制，因为价格高昂的品牌牛仔裤与普通牛仔裤的外观很可能一样，反之亦然（事实上，后者的可能性更大）。在拍摄现场，品牌牛仔裤乔装成普通牛仔裤，而普通牛仔裤又冒充成品牌牛仔裤，两者共同形成了看似稳定且令人信服的意象，进而引发相应的消费行为，而这些消费行为本身就会利用多种替代材料来重现所需的“外观”。通过自己的消费和表演，服装设计师及其助手，当然还有演员（从明星到资历较浅的演员）都充当了观众消费的文化经纪人，他们在塑造观众的消费选择之时就已经有了预测。就像美国的服装设计师、设计师助手和演员通过好莱坞影片传播牛仔服强有力的意象一样，这些印度的服装设计师、设计师助手和演员也在全新的环境中通过影片为新的跨国观众传播牛仔服的强大意象。但是，除非观众是富裕的环球旅行者（只有极少数的观众是环球旅行者），否则的话，仿效明星穿着的方法是行不通的，因为明星声称自己的服装独具一格，他人无法得到，以此确保自己处于截然不同的消费层级的顶部 [费尔南德斯（Fernandes），2000 年]。

致谢

本文的研究由美国印第安人研究院（American Institute of Indian Studies）和华盛顿州立大学温哥华分校（Washington State University Vancouver）资助。本书编辑对本文的评论使笔者受益匪浅。同时还要感谢在印度看到牛仔服后拍照或告知笔者的朋友和同事。最后，还要感谢希瑟·莱曼（Heather Lehman）为本文准备了所需的照片。

注释

① 1969—1994 年,《电影观众》杂志上的广告和专题图片普遍涉及牛仔裤。间接证据则来自对此现象的分析。该研究证实，从 1988 年开始，对于牛仔服的描述急剧增加。

② 这些角色出现的代表性影片如:《古鲁》(*Guru*)、《麦克白》(*Maqbool*)、《目标》(*Lakhsya*）和《车神一家子》(*Ta Ra Rum Pum*）。

③《霍布森－乔布森》词典 [Hobson–Jobson，尤尔（Yule），1903 年：第 330–331 页] 中定义和描述的“工装裤”与自 20 世纪 60 年代以来牛仔裤在印度的出现没有文化上的联系。印度牛仔服的视觉和服装影响不一定是生产和织物方面的影响，也来自国外。

④ 丹尼尔·克雷格（Daniel Craig）在《皇家赌场》(*Casino Royale*）这部影片中从水中出现的场景明显也具有同样的寓意，这表明将女性情色形象转换为男性情色形象显然具有跨文化吸引力。

⑤ 为了推销麦克罗曼休闲服（Macroman，印度品牌），电影明星赫里尼克·罗斯汉为其中一款背心（汗衫）充当模特，拍摄了广告宣传照片。然而，照片中最引人注目的部分却是似乎从他的仿旧牛仔裤的裆部涌出来的制造商的品牌口号。由于并没有找到该品牌的其他广告，所以并不确定这是否有意为之。

⑥ 当时的汇率约为 1 美元兑换 50 卢比，1 英镑兑换约 77 卢比。

⑦ 加拿大温哥华的设计师告诉笔者，美国百货商店的存货数量庞大，无与伦比。

参考文献

[1] Baghai, M., Coley S., White, D., Conn, C. and McLean, R.(1996), ‘Staircases to Growth’, *McKinsey Quarterly*, 4: 39–61.

[2] Banaji, S.(2006), 'Loving with Irony: Young Bombay Viewers Discuss Clothing, Sex and their Encounters with Media', *Sex Education*, 6(4): 377–391.

[3] Banerjee, M. and Miller, D.(2003), *The Sari,* New York: Berg.

[4] BBC News/South Asia. 'Bollywood Star in Obscenity Case', 3 April 2009.

[5] Berry, S.(2000), *Screen Style: Fashion and Femininity in 1930s Hollywood,* Minneapolis, MN: University of Minnesota Press.

[6] Bhaumik, K.(2005), 'Sulochana: Clothes, Stardom and Gender in Early Indian Cinema', in R. Moseley (ed.), *Fashioning Film Stars: Dress, Culture, Identity,* New York: Routledge, pp. 87–97.

[7] Bourdieu, P.(1984), *Distinction: A Social Critique of the Judgement of Taste,* Cambridge, MA: Harvard University Press.

[8] Bruzzi, S.(1997), *Undressing Cinema: Clothing and Identity in the Movies,* London: Routledge.

[9] Cullity, J.(2002), 'The Global Desi: Cultural Nationalism on MTV India', *Journal of Communication Inquiry,* 26(4): 408–425.

[10] Derne, S.(1999), 'Making Sex Violent: Love as Force in Recent Hindi Films', *Violence Against Women*, 5(5): 548–575.

[11] Dwyer, R.(2000) 'Bombay Ishtyle', in S. Bruzzi and P. Church-Gibson (eds), *Fashion Cultures,* New York: Routledge, pp. 178–190.

[12] Dwyer, R. and Patel, D.(2002), *Cinema India: The Visual Culture of Hindi Film,* New Brunswick, NJ: Rutgers University Press.

[13] Eckert, C.(1990), 'The Carole Lombard in Macy's Window', in J. Gaines and C. Herzog (eds), *Fabrications: Costume and the Female Body*, New York: Routledge, 110–121.

[14] Fernandes, L.(2000), 'Restructuring the New Middle Class in Liberalizing India', *Comparative Studies of South Asia, Africa, and the Middle East,* 20 (1–2): 88–112.

[15] Gaines, J.(1990), 'Introduction: Fabricating the Female Body,' in J. Gaines

and C. Herzog (eds), *Fabrications: Costume and the Female Body,* New York: New York, 1–27.

[16] Gaines, J. and Herzog, C.(1990), *Fabrications: Costume and the Female Body,* Routledge, New York.

[17] Ganti, T.(2004), *Bollywood: A Guidebook to Popular Hindi Cinema,* Routledge, New York.

[18] Gopinath, G.(2000), 'Queering Bollywood: Alternative Sexualities in Popular Indian Cinema', in A .Grossman (ed.), *Queer Asian Cinema: Shadows in the Shade*, New York: Haworth, 283–298.

[19] Joshi, T.(2008), Akshay Unbuttoned, *Mid-day*, Mumbai, 22 August 2008.

[20] Kannan, S.(2007), Wrangler's Urban Legend. *Business Daily*. 27 September 2007.

[21] Kavi, A.R.(2000), 'The Changing Image of the Hero in Hindi Films', in A. Grossman (ed.), *Queer Asian Cinema: Shadows in the Shade*, Binghamton, NY: Haworth, pp. 307–312.

[22] Mazumdar, R.(2007), *Bombay Cinema: An Archive of the City,* Minneapolis, MN: University of Minnesota Press.

[23] McCurry, J.W.(1998), Arvind aims at denim supremacy, *Textile World*, 148(3): 42.

[24] Miller, D. and Woodward, S.(2007), 'Manifesto for a Study of Denim', *Social Anthropology*, 15(3): 335–351.

[25] Moseley, R.(ed.)(2005), *Fashioning Film Stars: Dress, Culture, Identity,* London: BFI.

[26] Prasad, M.M.(1998), *Ideology of the Hindi Film: A Historical Construction,* Delhi, Oxford University Press.

[27] Rabine, L.W. and Kaiser, S.(2006), 'Sewing Machines and Dream Machines in Los Angeles and San Francisco', in C. Breward and D. Gilbert (eds), *Fashion's World Cities,* London: Berg, pp. 235–250.

[28] Rajadhyaksha, A.(2003), The 'Bollywoodization' of the Indian Cinema:

Cultural Nationalism in a Global Arena' , *Inter Asia Cultural Studies*, 4(1): 25–39.

[29] Rao, R.R.(2000), 'Memories Pierce the Heart: Homoeroticism, Bollywood-style' , in A. Grossman (ed.), *Queer Asian Cinema: Shadows in the Shade,* Binghamton NY: Haworth, 299–306.

[30] Sheikh, A.(2007), Film Merchandising Comes of Age in India. In *Rediff India Abroad*, 9 November.

[31] Stacey, J.(1994), *Star Gazing: Hollywood Cinema and Female Spectatorship,* London: Routledge.

[32] Street, S.(2001), *Costume and Cinema: Dress Codes in Popular Film,* New York: Wallflower Books.

[33] Tarlo, E.(1996), *Clothing Matters: Dress and Identity in India,* Chicago, IL : University of Chicago Press.

[34] Vedwan, N.(2007), 'Pesticides in Coca-Cola and Pepsi: Consumerism, Brand Image, and Public Interest in a Globalizing India' , *Cultural Anthropology*, 22(4): 659–684.

[35] Virdi, J.(2003), *The Cinematic Imagination: Indian Popular Films as Social History,* London: Rutgers University Press.

[36] Wilkinson-Weber, C.(2005), 'Tailoring Expectations: How Film Costume becomes the Audience' s Clothes' , *South Asian Popular Culture*, 3: 135–159.

[37] Wilkinson-Weber, C.(2006), 'The Dressman' s Line: Transforming the Work of Costumers in Popular Hindi Film' , *Anthropological Quarterly*, 79(4): 581–608.

[38] Wilkinson-Weber, C.(2010), 'From Commodity to Costume: Productive Consumption in the Making of Bollywood Film Looks' , *Journal of Material Culture*, 15(1): 1–28.

[39] Yan, J.(2003), 'Branding and the International Community' , *Journal of Brand Management* 10(6): 447–456.

[40] Yule, S.H.(1968), *Hobson-Jobson: A Glossary of Colloquial Anglo-Indian Words and Phrases, and of Kindred Terms, Etymological, Historical,*

Geographical and Discursive by Henry Yule and A.C. Burnell, Delhi: Munshiram Manoharlal.

引用影片

[1] Akhtar, F.（dir.）(2004), *Lakshya*, UTV Communications.

[2] Anand, S.(dir.), *Ta ra rum pum,* Yash Raj Films.

[3] Bhandarkar, M.(dir.)(2008), *Fashion*, UTV Communications.

[4] Bhardwaj, V.(dir.)(2003), *Maqbool*, Yash Raj Films.

[5] Campbell, M.(dir.)(2007), *Casino Royale*, Sony.

[6] Chopra, B.R.(dir.)(1980), *Insaaf ka Tarazu*, B.R. Films.

[7] Gadhvi, S.(dir.)(2006), *Dhoom 2: Back in Action*,Yash Raj Films.

[8] Johnson, L.(dir.)(1976), *Lipstick*, Paramount.

[9] Khan, F.(dir.)(2007), *Om Shanti Om*, Eros.

[10] Ratnam, M.(dir.)(2007), *Guru*, Madras Talkies.

[11] Sippy, R.(dir.), *Sholay*, Sippy Films.

[12] Young, T.(dir.)(1962), *Dr No*, United Artists.

—3—

蓝色牛仔裤如何变得绿色环保：一个美国符号的物质性

博迪尔·伯克拜克·奥利森

首先，牛仔裤建立了这个国家的基础设施，

然后，以一种集体身份充斥于此。

（苏里文 2006 年：第 6 页）

詹姆斯·苏里文（James Sullivan）在 2006 年的著作中追溯了牛仔裤[即他所说的“美国制服”（苏里文,2006 年：第 8 页）]在美国的发展历史，讲述了它们如何从 19 世纪底层工人的工作服演变成现在“最畅销、最具变化性的服装”（苏里文,2006 年：第 10 页）。他对牛仔裤的描述十分全面，从讨论牛仔服装名称的起源，谈到其在美元钞票方面最近才被终止的回收利用，从探究像迪赛牛仔和幸运牛仔（Lucky）这样的时尚生活品牌地位的提高，谈到它们在广告中承担的角色，这些无一不证明了“牛仔裤正以多种途径展示着两个世纪以来美国文化中的神话和理想所具有的价值（苏里文，2006 年：第 3 页）。正如他的叙述所表明的，服装和文化之间这种特殊的标志性关系既包含了过去和现在，也包含了象征性和物质性，赋予任何穿牛仔裤的个人行为超越其行为本身的意义。

牛仔裤和美国身份之间的关系一直是一种动态的关系，在不断地变化和发展，而不仅限于苏里文所描述的标志性作用。所以在本文中，笔者将超越主要的符号学观点，以牛仔裤在巩固和转变美国规范价值方面的作用为出发点，更具体地说是从牛仔裤在转变道德消费主义和环境保护主义这些价值观方面的重要性为出发点。特别值得关注的是美国棉花公司（Cotton Incorporated）自 2006 年起组织开展的所谓“牛仔驱动”的活动，在这些活动的驱动下，美国消费者有机会捐赠他们的旧牛仔裤，将其加工成环保保温材料并用于慈善项目。在详细讨论这些运动时，我们需要考虑到当时的社会背景，例如人们很关注环境问题，对道德消费主义的兴趣日益增长，企业也越来越重视改善和提升其公众形象等。因此笔者认为，牛仔裤之所以在这些运动中能成为一个理想的捐赠对象，一方面是因为它们的多功能性；另一方面是由于它们在实现美国规范价值方面起到的建设性作用。笔者也查考了这些牛仔裤材料转变为保温材料的过程，更具体地说，查考了影响这种再生纤维材料应用的政治和经济因素。根据笔者的研究，这些运动的成功取决于美国制服的材料属性，而且，讽刺的是，也取决于这种服装本身的流行程度。这一解释进一步证明牛仔裤在美国历史上的重要性，同时也说明为了理解当代牛仔裤从蓝色到绿色环保的动态关系，我们必须研究其所有属性，包括物质特性、社会与经济背景以及这种材料的象征性和宇宙学意义。

无处不在的符号与物质

苏里文在引言中指出，牛仔裤在美国历史上最有趣的一个方面是，虽然它们最初的用途在于使用价值，但是它们持续的流行趋势却与符号价值有关。正是牛仔裤的牢固性、耐用性和价格低廉的可用性，使其成为 19 世纪边疆矿工和农民的首选工作服。在广告中，牛仔裤这种早期的使用被描述为独创性和真实性，而这些品质至今对于李维斯牛仔裤品牌来说仍至关重要。尽管牛仔服装最初的功利地位可能非常适合表达一种新兴的民族身份，但它作为一种符号的普遍性以及它所代表的意义的多样性在美国同样引人注目。[戴维斯（Davis），1989 年：第 347–352 页；拉宾和凯撒，2006 年：第 236 页]。例如，牛仔裤是“所有嬉皮士服装的基本组成要素”[梅尔尼科夫（Melinkoff），1984 年：第 163 页]，对 20

世纪60年代美国女权主义者来说是性别平等的表现，对嘻哈帮来说是“帮派风格”的体现。穿上牛仔裤就代表着反抗主流，代表着另类的身份，如同牛仔裤象征着民族身份一样。同样，无论是在几乎所有的美国音乐流派中，还是在小说、艺术、电影和诗歌中，更不用说在广告[博特里尔（Botterill），2007年]和越来越多关于牛仔裤的准学术和新闻文献中，牛仔服装都被反复提及[芬利森，1990年；吉尔克里斯特（Gilchrist）和曼佐蒂（Manzotti），1992年；马什和特林卡，2005年；斯奈德（Snyder），2008年]，这使牛仔裤成为了一个在美国文化中特别值得思考的符号。[①]这种无处不在的象征性也与美国人衣橱中必不可缺的牛仔服装相匹配。根据美国棉花公司生活方式调查（Lifestyle Monitor）的研究，每个美国人平均拥有7~8条牛仔裤。据报告显示，在2008年有37%的人表示他们上个月购买了一条牛仔裤，并且35%的人说他们计划将在下个月再次购买。[②]此外，美国人平均每周有四天穿牛仔裤，[③]有75%的人表示他们喜欢或者享受穿牛仔服装，而近来有更多（78%）的人表示他们“更喜欢去我可以穿牛仔裤的地方。”[④]

从社会学的观点来看，关于牛仔裤在美国文化和社会生活中无处不在的问题，有一个同样引人入胜但相关探索较少的方面——牛仔裤在生产和再生产一些独特的美国规范价值方面的中心作用，随处可见的牛仔裤有助于产生和维持这些价值。在本文中，笔者并不是简单地谈及牛仔裤如何成为解决美国个人主义和遵从性难题的理想服装[斯宾德勒和斯宾德勒（Spindler and Spindler），1983年：第64页]（尽管到任何一个美国大学校园去参观都可以证实这个解决方案对几乎每个美国大学生都适用），而更多的是谈及一种明文规定的着装规范其存在与实质性内容。美国人不仅非常重视在许多不同场合下的正确着装，而且明确提及这一着装规范（例如，专业和学术会议的官方邀请函中就经常有着装规范要求）有助于确保每个人在重要的社交场合都能穿着得体。值得注意的是，在非正式的社交场合中，比如周末与朋友、家人、甚至同事的野餐活动，尽管对着装没有明显的限制，但是牛仔裤不仅是当天每个人的着装选择，而且也几乎是每个人都应该穿的衣服。在这种非正式场合，人们倾向于穿牛仔裤，这可能是因为他们对缺乏明确服装规定的场合有关于“融入社会”或“着装得体”的焦虑。尽管如此，穿着牛仔裤还具体体现了工作和休闲在概念上的区别，以及人们在美国环境中对这种区别所包含的生活方式和道德价值观的坚持。牛仔裤作为集体价值观标志这一角色在另一种美国行为中或许更为明显：很多美国公司都设立了所谓的“休闲着装日”，一般是周五，员工可以在这一天穿牛仔裤上班。这种着装行为看似“颠覆性”的本质由于受到如此严格的监管，承认了着装规范的合法性和社会监管的必要性，同时阐明了工作和休闲之间的特殊关系，毕竟工作的目的不是个人对物质财富的自私追求，而是在闲暇时间实现集体核心价值的手段——以及人们对这种关系的自愿遵守。⑤

在思考近来这种休闲着装规范是如何成为所谓的社会服务事件时，工作的内涵、休闲的内涵、工作和休闲之间最终的道德关系的内涵，以及牛仔裤在体现个人坚持方面的核心作用，就变得更加清晰了。越来越多的美国公司参与了各种各样的计划，允许员工在特定的日期穿牛仔裤，换得一小笔钱捐给慈善机构。举几个例子，自 2004 年以来，索克谷银行（Sauk Valley Bank）的员工每周五都参加牛仔裤慈善活动，每人向预先选定的慈善机构或组织捐赠 2 美元。索克谷银行是一家位于伊利诺伊州（Illinois）的小银行，拥有 3 家分行，资产 1.71 亿美元。此外，德勤会计师事务所芝加哥办事处（Deloitte & Touche's Chicago office）发起的“牛仔裤日慈善活动”（The Jeans Day Charity Initiative）允许它的 2500 名员工在每月的最后一个周五穿上牛仔裤，前提是购买一张 5 美元的贴纸。员工每个月会选择一个新的慈善机构，将本月筹集到的资金捐赠给该机构。一位发言人说，这样的安排“确实有助于培养一种团队意识”，“让员工在公司内部拥有发言权”，同时“建立与芝加哥社区的联系”。德勤会计师事务所牛仔裤日慈善活动的灵感来自一角募捐步行基金会（March of Dimes，即美国畸形儿童基金会——译者注）的“关爱婴儿，穿蓝牛仔”（Blue Jeans for Babies）项目。致力于改善婴儿健康的北美健康慈善组织一角募捐步行基金会与美国各地的公司合作举办了这项一年一度的筹款活动。与德勤的项目一样，“关爱婴儿，穿蓝牛仔”项目为员工提供了在工作中穿着休闲服装的机会，他们通过购买贴纸、纽扣或T恤，为畸形儿童基金会捐赠资金。再如，自1996年以来，美国牛仔裤的主要品牌李牌牛仔裤一直在举办“全国李牌牛仔裤日”（National Lee Denim Day）活动，为乳腺癌慈善机构筹款。在“希望从你最喜欢的牛仔裤开始”的口号倡导下，任何工作场所的员工都可以注册一支团队参加“全国李牌牛仔裤日”活动，届时他们将获得一份免费的参与工具包，旨在让牛仔裤日成为一个“有趣而成功的活动”。另外，只要捐款5美元，他们就可以穿牛仔裤上班。不过，牛仔裤实现和维持规范价值的独特能力并不局限于穿着。下文笔者将描述一些活动，在这些活动中，个人捐赠服装本身已经成为一种创新的慈善方式。

互动式慈善

2005年，美国棉花种植者和出口商的利益团体美国棉花公司推出了“棉花的秘密”巡回活动（Cotton’s Dirty Laundry Tour）。作为2700万美元广告和促销活动的一部分，该公司将棉花定位为一种多功能、易护理的产品，非常适合美国年轻大学生的需求，以此在年轻消费者中培养忠诚度。这次巡回活动在全国十所大学里组织了为期一天的音乐节目、时装秀和游戏比赛等校园活动，提供了有关棉质服装的基本信息和相关活动，表达了对美国年轻人的关爱。据组织者说，有的年轻人“可能是平生第一次自己洗衣服”。

2006年，这项促销活动再次展开，还以“棉花：从蓝色牛仔裤到绿色环保”（Cotton. From Blue to Green，也被称为“牛仔驱动”活动）的商标名称进行了另一项宣传活动。该项活动的想法很简单：请学生为这项活动捐赠一条旧牛仔裤，作为回报，他们可以得到一张5美元的折扣券，在当地参与活动的商店里购买新牛仔裤时可以使用。通过此项活动收集来的超过1.4万条牛仔裤随后被加工成超触感（Ultra Touch）牛仔保温材料，即一种由回收棉（主要是牛仔布）制成的环保保温材料，并被基督教慈善组织“仁人家园”（Habitat for Humanity）的巴吞鲁日（Baton

Rouge）分部用来为在 2005 年卡特里娜飓风（Hurricane Katrina）中流离失所的家庭建造了 30 座新房屋。据一份新闻稿说，由这次活动看来，美国棉花公司通过“生产并参与特殊项目，向人们传达通过自然的、可持续的、负责任的和可再生的方式来尽可能减少对环境足迹的损害的重要性”，由此表达了该公司对环境的承诺。一位代表解释说，通过为大学生提供捐赠牛仔裤的机会，牛仔驱动活动向学生们展示了天然可再生布料的好处，以及为环境做点什么、贡献出自己的一份力量是多么容易。

2008 年，牛仔驱动活动的参与者扩大到零售企业。2008 年 4 月 8 日，资深零售商全美牛仔裤公司（National Jean Company）和诚挚缝纫公司（Earnest Sewn）在纽约举办了一场时装秀，入场要求则是在入口处捐赠一条牛仔裤，以此纪念他们在全美牛仔裤公司纽约商店举行的名叫“诚挚用心，与众不同”（Make an Earnest Difference）的五日慈善活动。相应地，捐赠了牛仔裤的人，可以享有在全美牛仔裤公司以八折的折扣购买任意一条新牛仔裤作为回报。全美牛仔裤公司在长岛和曼哈顿的门店举行了活动，为整个慈善活动画上了句号。此次慈善活动被描述为“将进一步推动店内牛仔裤捐赠，提高公众对‘棉花：从蓝色牛仔裤到绿色环保’牛仔驱动倡议的了解”。在随后的那个周末，时尚专家和名人为希望赢得全美牛仔裤公司礼品卡的顾客提供建议并担任各种时尚游戏的评委。其他参与进来的零售商还包括盖尔斯 – 马西亚诺品牌（Guess by Marciano）。整个 2008 年 4 月，在该品牌任何门店捐赠旧牛仔裤的顾客在购买新牛仔裤时都可以享受九折优惠。据副总裁大卫·基奥维蒂（David Chiovetti）说，盖尔斯 – 马西亚诺品牌参加牛仔驱动这项活动“象征着我们对与我们互动的人和团体的承诺……这也说明了盖尔斯 – 马西亚诺品牌真正的本质特征不只与时尚相关。”

2005 年，在牛仔驱动活动之前，拉夫 · 劳伦基金会（Polo Ralph Lauren Foundation）也开展了类似的活动。拉夫 · 劳伦公司（Polo Ralph Lauren Corporation）是服装设计、营销和分销方面的领先公司，旗下包括著名品牌保罗（Polo）牛仔裤、家居配件、配饰和香水。拉夫 · 劳伦基金会是该公司的慈善基金会。基金会的“给予”（G.I.V.E.，G 代表

“得到”，I代表“参与”，V代表“志愿”，E代表“超越”）计划为员工提供了志愿服务的机会。在该计划的领导下，基金会发起了“给你的牛仔裤找一个新家”（G.I.V.E. Your Jeans a New Home）的倡议活动，从雇员、大学生、名人和音乐家那里收集牛仔裤。此项活动的组织者玛丽亚·蒂利（Maria Tilley）解释说，该运动的校园活动针对的是捐赠旧牛仔裤的学生，他们可以享受以折扣价购买保罗牛仔裤。尽管如此，牛仔驱动活动主要关注的是“努力向学生和社区传递志愿服务的信息……通过志愿服务来激励社区服务。”不管蒂利是否认为捐赠本身属于志愿行为（显然，一些学生做了相当多志愿工作，一次性捐赠了四条牛仔裤），许多学生似乎已经受到了价格的鼓舞而参与志愿活动，因为正如一位学生所说，“买一条牛仔裤便宜60美元是一笔相当不错的交易”。该活动收集了超过1.9万条牛仔裤，都被加工成了超触感保温材料。保罗牛仔裤志愿者团队包括主管广告、营销和通信的高级副总裁大卫•劳伦（David Lauren），他们帮助把这些保温材料安装在南布朗克斯（South Bronx）一幢19世纪的建筑上。保罗牛仔裤志愿者团队与纽约市仁人家园以及黏合逻辑公司（Bonded Logic）合作赞助这项事业，拉夫·劳伦公司对此感到非常自豪。大卫·劳伦在安装保温材料之前在一份新闻稿中表示，“这一行为符合公司对志愿服务的承诺，也符合公司以有意义的方式为缺乏服务的社区做出贡献的承诺。”

2002年3月，保罗牛仔裤在发起“给你的牛仔裤找一个新家”活动之前，推出了“红白新”（Red, White & New）活动。在该活动中，美国20所大学的大学生可以通过梅西百货官网（Macys.com）来以旧换新，低价购入一条新的保罗牛仔裤。捐赠的牛仔裤被送给斯威夫特牛仔裤公司（Swift Denim）进行回收，所得利润通过劳伦基金会（Lauren Foundation）捐赠给美国红十字赈灾基金（American Red Cross Disaster Relief Fund）、911基金（September 11th Fund）、双子塔基金（Twin Towers Fund）和美国英雄奖学金基金（American Heroes Scholarship fund）。据公司管理高级副总裁罗斯·克莱因（Ross Klein）说，“‘红白新’活动是为了感谢大学生消费者，同时也回馈社会。互动元素允许学生个人为慈善事业做出贡献并因此得到奖励”。

慈善、战略性慈善和公益营销

如前文所述，美国的个人主义及其对工作和休闲的理解中潜藏着一股强烈的道德倾向。笔者在前面说过，这意味着工作实际上是达到目的的一种手段，所以休闲活动通常包含着慈善的元素。从售卖糕饼到在施食处做义工等各种各样的教会活动，都是比较明显的例子。这类活动也包括体育赛事如自行车比赛、跑步等，其中，部分参赛费用会捐赠给各种慈善机构[梅耶霍夫和蒙格拉（Myerhoff and Mongulla），1986年]。当然，与这些慈善事业密切相关的是，在20世纪的美国，由于给予企业慈善事业大幅的税收减免，慈善事业也发挥了比较大的作用[布雷姆纳（Bremner），1988年；弗里德曼和麦加维（Friedman and McGarvie），2003年]。许多学者指出，自20世纪90年代以来，企业在慈善和营销方面的做法发生了重大变化[麦克默里（McMurria），2008年；斯托尔（Stole），2008年]。当企业意识到慈善事业成为营销工作的一部分而带来的潜在好处时，就有越来越多的企业尝试将一项社会事业或问题融入品牌的个性或身份特性中，以迎合消费者期待成为慷慨和有公益意识公民的愿望——尽管盈利的还是企业本身[金（King），2001年：第116页]。在这种战略性慈善中，发展最快的趋势之一是“事业营销”或“公益营销”，这是一种涉及营利性企业和非营利性组织共同努力实现互利的营销方式。这类公益营销的一个著名的早期例子是美国运通公司（American Express）1983年帮助修复自由女神像（Statue of Liberty）和埃利斯岛（Ellis Island）的举动。这家信用卡公司承诺，在1983年的最后三个月里，每完成一笔信用卡交易就为修复工作捐赠1美分，每发行一张新卡就捐赠1美元，最终为修复工作筹集了170万美元（原书此处为1.7美元，系笔误，应该是170万美元——译者注）。在这些历史古迹受益的同时，这项工作也获得了巨大的宣传效果，在活动之后，该公司的信用卡使用率增加了28%（斯托尔，2008年：第26页）。

在对战略性慈善事业的追求中，大趋势是公司通过精准的焦点或主题来使捐赠的影响最大化，并使捐赠行为与公司的商业目标和品牌特征相一致（金，2001 年：第 122 页）。选择这些主题通常是因为它们具有广泛的吸引力和无可争议的性质，而且这些主题通常都建立在消费者研究的基础之上，目的是使公司与能让公司在消费者眼中塑造最佳形象的事业保持一致，而这种一致性同时也避免了任何破坏公司形象的可能性。然而，从品牌的角度来看，企业与理想事业的结盟可能会对品牌本身的建立和巩固产生反作用。例如，有几家公司使用了关于乳腺癌的“梦想事业”一词作为公益营销的主题。这个主题具有广泛的吸引力：乳腺癌似乎不具有引发种族和阶级讨论的社会经济因素；与苏珊·科曼乳腺癌基金会（Susan G. Komen Breast Cancer Foundation）合作很容易，粉红丝带已经在乳腺癌上打上了“烙印”。然而，越来越多选择与乳腺癌及其研究相关联的公司也面临着一个问题，那就是如何将自己的公司和品牌与那些以同一主题为目标的公司区分开来（金，2001 年：第 129 页）。

美国棉花公司与环境问题之间的密切结合一开始似乎也遇到了上述问题。环境问题目前具有不同寻常的广泛吸引力，但许多企业已经与环境问题捆绑在一起［包括沃尔玛公司（Wal-Mart）的“美国英亩”（Acres for America）计划以及通用汽车公司（General Motors）与大自然保护协会（Nature Conservancy）的合作］。这类企业的数量不断增多，机构或企业为减少对环境的影响而作出的贡献也被视为良好商业行为的一部分，因此，对企业承诺改善地球健康状况的期望本身可能不足以作为品牌差异化的基础。从这个角度来看，美国棉花公司的牛仔驱动活动与其说是一项梦想事业，不如说是一个伟大事业的梦想媒介，同时还有一个额外的好处，那就是把自己的产品塑造成意义非凡的产品。该活动没有组织捐钱，而是把旧牛仔裤收集起来捐赠给公益事业。通过这种做法，美国棉花公司不仅显示了对环境和社会问题的关注，同时也把公司推销的产品定位为“天然的”，因此“对环境有益”。[⑥] 虽然牛仔裤捐赠过程中相对创新的互动部分可能有助于品牌的建立，但该部分让消费者把牛仔裤带到现场交出去，从这个意义上来说，消费者切实地“为环境做了一些事情”，这促进了一种作为道德消费者的具体化体验，并以这种形式向消费者夸大了慈善的概念。此外，这种富有同情心的环保行动几乎不需要努力和牺牲，因为它是在大学校园或服装店里配合着音乐与游戏活动而进行的，并且，舍弃一条旧的牛仔裤后，就可以立即以低价购得一条崭新的牛仔裤来代替。

笔者认为，牛仔驱动活动的功效中，另一个同样重要的因素是牛仔裤本身意义的多样性，以及它们引领规范价值的能力。电影、广告、音乐和小说处处都会提及牛仔裤，这种做法同时也提供了许多象征意义，可以用多种方式加以利用，使牛仔裤与个人身份、爱国主义和慈善 / 良好道德行为等问题产生广泛的共鸣，并且统一起来。牛仔裤的物质存在，以及穿着牛仔裤所带来的鲜活的归属感，增强了在牛仔驱动活动中捐出牛仔裤所带来的个人同情心和参与体验。换句话说，因为每个人都有牛仔裤可捐，所以牛仔裤就是这些慈善捐赠活动的理想服装。而且，牛仔裤在支持规范的召集活动中所处的中心地位凸显了一种观念，即参与这种活动是重要的、有益的且富有成效的。因此，即使美国制服已经成为交换的对象，它们的多样性及其规范性意义将继续影响与牛仔裤相关的行为。⑦

从服装社会学到纤维材料工程

当然，这种交换行为也意味着牛仔裤从一种服装到一种普通材料的过渡。在下文中，笔者将描述牛仔裤作为绝缘保温材料的核心品质。棉花和其他植物纤维的主要成分是纤维素，即一种聚合物或大分子。正是这些聚合物在纤维中形成长链的特殊排列决定了纤维的化学、物理和机械性能，如强度、拉伸性能和吸光度 [科利尔和托尔托拉（Collier and Tortora），2000 年：第 34 页]。一些服装由于对消费者而言不再具有使用价值而被丢弃，大量产生于服装生产过程的镶边装饰与下脚料由于对生产毫无用处而被归类为废物，然而，从工程学角度来看，这些废弃物仍是纤维材料，因此具有进一步的应用潜力。对于这些应用来说，成本通常是最重要的。尽管纤维通常被应用于服装，其应用范围受到限制，但它们往往是比原棉纤维更便宜的材料，因此，在纤维的创新性并非至关重要的情况下，它们仍然很有价值。⑧

通过将服装下脚料和缝线这些消费前废料转变回其原始的纤维状态，这些废料的经济和物质潜力往往会得以释放。粉碎机将纤维织物和缝线粉碎，也就是将旧衣服撕开打碎，接着放进一系列提高其精细度的开松机，由此，织成最初的纺织品的线就被拆解成了其组成纤维。这一过程破坏了纤维的机械性能，使其更适合开发各种棉纤维的其他特性的应用，包括床垫和枕头的填充物、地毯衬垫和地板垫。在许多此类应用中，再生的纤维被进一步加工成所谓的无纺布，即纤维片、纤维网或纤维棉胎，然后将这些无纺布相互黏合起来——可以通过添加树脂等黏合剂、热熔或化学熔合，以及缝合等方式进行黏合。

除了特定纤维的特性和为特定目的量身定制的技术可能性之外，其他可能的应用同样取决于社会价值、供求关系以及国家和国际法律。例如，自 20 世纪 70 年代中期以来，由于各种政治和经济因素，再生棉纤维在各种应用领域的使用情况不断发生变化。20 世纪 70 年代之前，棉纤维是汽车产业中地毯衬垫和门板的常用原料，而到了 20 世纪 70 年代初，棉纤维被合成纤维取代，以减轻车辆的重量，从而提高燃油效率。然而，随着垃圾填埋的成本和对环境影响（以及回收利用）的担忧不断上升，人们也开始关注在汽车产业中找到可生物降解和回收利用的解决方案。地毯衬垫的吸声性能很重要：通过将吸声材料附着在各种部件上，如地板覆盖物、包装托盘、门板、顶衬和行李箱内衬，可以降低车厢内的噪音。最近的一项进展是对使用天然纤维无纺布（其中包括废棉）的地板覆盖物的研究，这些无纺布的吸声性能与现有产品相当，但它们是生物可降解的，因此更加环保。[帕瑞克、陈和孙（Parikh，Chen and Sun），2006 年]。

超触感绝缘体

在考虑由牛仔驱动活动中收集的牛仔裤制成的超触感绝缘材料

时，纤维特性与政治经济因素之间的互联性在决定再生棉纤维的潜在应用方面至关重要。超触感材料由美国亚利桑那州钱德勒市（Chandler，Arizona）的黏合逻辑公司生产，是一种无纺布绝缘材料，由 85% 的回收棉制成，主要来自墨西哥牛仔裤行业的牛仔布废料。超触感绝缘材料是一种环保型绝缘材料，不含传统玻璃纤维绝缘材料中发现的致癌物和甲醛。回收的棉花纤维，在被黏合逻辑公司生产之前，由一家独立的美国开松加工厂加工。加工过程中，每一根纤维都会经过防火处理，然后将这种材料与聚烯烃纤维混合。当混合物被加热时，聚烯烃纤维会融化并黏合在一起，形成纤维棉胎，接着按照所谓的 *R* 值（*R* 值用于衡量该材料抵抗热流能力的绝缘性能）所规定的工程密度和厚度进行挤压，因为墙、天花板和地板的最佳绝缘性能各不相同。[9]

虽然超触感绝缘体具有与传统绝缘材料相同的热性能，以及优异的声学性能，但它比传统材料贵 30%~50%。跟车用棉质绝缘材料的情况一样，人们越来越关注环境问题，这确保了超触感绝缘体的市场，比如越来越多的消费者希望使用在各方面都对环境形成较小压力的材料来建造房屋，还有一些关心家庭室内环境状况的人士认为传统玻璃纤维绝缘材料中的甲醛和其他有毒元素会引发哮喘和过敏。尽管这些传言尚未得到证实，但有人认为绝缘材料制造商进行的内部研究证实了这一点，但这些研究一直未向公众公布。

这些担忧也被越来越多的机构所接受，同时，无论是出于对自身公众形象的担忧，还是出于提出良好商业行为的需要，无论何时何地，强调环保建筑材料都已成为各组织和机构的普遍做法。举几个例子。哈肯萨克大学医学中心（Hackensack University Medical Center）在宣布新建女性和儿童馆的新闻稿中，证实了此馆由蓝色牛仔裤绝缘材料制成。[10]越来越多的美国大学正在利用他们的环保意识来招生。2005 年，俄勒冈州波特兰市（Portland，Oregon）的一所私立文理学院——路易斯和克拉克学院（Lewis and Clark College），在其新建的社会科学大楼中使用了超触觉绝缘材料和其他一些环保建筑材料。此外，德克萨斯大学护理学院（University of Texas School of Nursing）和学生社区中心（Student

Community Center）也是如此。同样，位于威斯康星州（Wisconsin）的有机谷（Organic Valley）总部和最近在加利福尼亚州（California）建造的威廉与弗洛拉·休利特基金会（William and Flora Hewlett Foundation）总部都采用了超触感绝缘材料。随后的相关新闻稿都特别强调了建筑和材料的生态友好性。

正如前面提到的，材料内部是阻隔空气的，因而具有绝缘隔热特性。要做到这一点，纤维的一个关键特性是其长度和细度，因为正是纤维形成的相互连接的环状物和卷状物阻隔了空气。这一前提更倾向于使用牛仔布和其他纱线中紧密缠绕的纤维数量相对较少的织物。与横截面纤维较多且较细的纱线相比，提取这些较粗且捻度较低的纱线的纤维成本更低。另一个特性是纤维或隔热层厚度的压缩回弹性，即纤维束在被压平或压缩后恢复到原来厚度的能力。与其他编织方法和纱线相比，用于牛仔布的特殊纱线和编织方法对再生纤维厚度的影响较小，能够恢复到原始纤维的厚度。牛仔布并不是唯一含有这类纤维的织物。羊毛纤维，以及其他一些棉织物的纤维，也有类似的特质。但是与棉花相比，全球羊毛的产量微不足道，因而棉花废料的供应量更大，价格也更便宜。[11]此外，混合从不同类型的织物中回收的纤维会使绝缘产品的性能难以控制，这一事实倾向于只使用一种织物废料，结果就是更偏向于使用一种可以大量供应的织物。

事实证明，牛仔布完全符合这些标准。牛仔服装的流行不仅意味着每年生产的牛仔裤数量惊人，而且牛仔裤的布料裁剪过程也会产生大量的下脚料：牛仔布被编织成长布片，并卷成长卷，之后被切割成相同的较短的布片，再叠在一起被裁剪成所需的确切形状，这样剩余的边角料就产生了大量的浪费。另外，T 恤等其他棉质服装的制造产生的边角料要少得多。此外，为了尽量减少运输成本，开松厂家会尽量从周边国家收集纺织品废料，黏合逻辑公司所有的纤维材料就都来自一家美国的开松厂家，同样是为了降低成本。同时，目前中美洲也有大量的牛仔裤制造商，其中一些工厂每天生产 2 万多条牛仔裤。[12]换句话说，环境问题和牛仔裤捐赠行为两者成功自主的结合是牛仔裤运动的核心，这可能是由各种商业和伦理问题决定的，但也同样是由上文所讨论的纤维现象的材料偏好来维持的。虽然先前就有的环保意识维持了超触感绝缘材料的市场，并因此提供了一个非常成功的宣传媒介，但棉纤维的化学、物理和机械性能才是该产品成为可能的首要因素。具有讽刺意味的是，牛仔服装的流行和它所体现的多重意义也确保了大量消费前牛仔布浪费的产生，进而维持了超触感绝缘材料的生产。

结论

米勒和伍德沃德于2007年发表了一篇有关牛仔裤研究的宣言，宣言中指出，牛仔裤的普遍性，即它的全球性存在，是其人类学意义和民族志调查的关键。它的全球性存在证明了塑造我们当代世界的社会经济力量，同时，其本土拨款的独特性和丰富充裕使我们能够探讨全球现代性的状况，比对其他任一商品的研究更具深度和复杂性。本文表明，当我们不再狭隘地关注表象或者只研究单一领域或类型中牛仔裤与日常缝制的动态关系时，我们可以开始看到这种牛仔裤普遍性的另一个维度，这对美国牛仔裤而言尤其重要。米勒和伍德沃德还认为，这种意义不仅在于世界各地的人们穿同样的服装，更重要的是，在区域范围内，这种普遍性可以成为创造、维持、竞争和规避特定价值观的媒介。但这里值得强调的也许是美国牛仔裤独特的历史深度和文化广度，牛仔裤的道德维度以及穿牛仔裤必然会带来美国精神的多面性。笔者相信，那些具有源远流长、形式多样的文化历史的物品，以及它们所创造和维持的重要性、意义和价值，肯定存在一些独特之处，或许就是一种独特的能力。不仅几乎所有的美国人都穿牛仔裤，而且牛仔裤无处不在的状态已经持续了相当长的时间，因为美国人几乎从美国作为一个独立民族国家诞生之日起就开始穿牛仔裤了。正如苏里文在引言中提到的那样，这种独特的能力源于牛仔裤是用来穿的这一事实——这种服装是一种物质实体。人们最初穿牛仔裤是因为它经久耐用、舒适自如，后来是因为喜欢牛仔裤舒适耐用特质的人曾经穿过牛仔裤，或是因为詹姆斯·迪恩穿过它，或是因为很多人都穿，这会让你感到“安全”和舒适。如前文所述，在美国随处可见的对牛仔裤元素的引用（如在歌曲、电影、小说、广告、诗歌、艺术作品中），还有它在特定的社会环境（如校园、星期天的野餐活动、星期五办公场所的慈善活动）下的普遍存在，这些都成就了牛仔裤在美国特定的不可撼动的地位。也就是说，牛仔裤就在此处，准备就绪，等着人们在自我表达时使用。正如笔者所说，牛仔裤这种无法撼动的地位所暗含的是，在很多情况下牛仔裤所表达的规范价值赋予了牛仔裤独特的动员能力，来推动与美国核心价值观相关的新项目。像阿尔·戈尔（Al Gore，2006 年）这样的人物正在努力维护的价值观将越来越多地涵盖环境问题。

就笔者在本文中描述的牛仔裤捐赠活动而言，对慈善的关注，亦与某种价值观和理想产生共鸣或联系的尝试，绝非偶然。这种关注包括各种不同的爱国主义元素、自然灾害或贫困的受害者、对环境的益处，以及对大公司做法的关注，这种价值观和理想则是美国文化的核心，认为可以通过牛仔裤开展慈善活动。如果让慈善事业像一种惯例那样自然和随处可见，那么慈善事业与牛仔裤就有了一种现成的关联。在本文中，我们强调了牛仔裤的物质性是其功效的关键，强调了牛仔裤作为一种物质文化的地位[库兹勒尔和米勒（Küchler and Miller），2005 年]，紧接着也关注了牛仔裤废弃后的去向轨迹，但我们也许只能得出这样的结论：即使牛仔裤这一美国制服变成了一种纤维绝缘材料，其符号性仍会继续影响着牛仔裤材料的发展，并深刻影响牛仔裤的作用。

注释

① 关于美国音乐中牛仔裤的普遍性。

② “粗斜纹棉布牛仔裤——美国人的衣橱”，棉花公司供应链洞察力简报，2008 年 11 月。

③ Cotton Inc. Lifestyle Monitor Trend Magazines Denim Issue Summer/Fall 2000.

④ “粗斜纹棉布牛仔裤——美国人的衣橱”，棉花公司供应链洞察力简报，2008 年 11 月。

⑤ 然而，无论是质疑美国个人主义的历史起源 [沙因（Shain），1994 年]，还是批判这种个人主义的同质化倾向 [库斯罗（Kusserow），1999 年]，还是描述它如何影响社会行为 [贝拉（Bellah）、马德森（Madsen）等人，1985 年；加布勒和汉德勒（Gable and Handler），2006 年，瓦雷讷（Varenne），1977 年]，许多学者都认为，尽管在美国，个人主义是一个占主导地位的价值观，并且通常被认为是集体价值观或集体抱负的对立面，但支配这种个人主义的是关于美好生活的规范价值，即个人主义被视为为了家人和社会的利益而努力工作的手段。

⑥ 美国棉花公司发布的一份新闻稿称，“棉花：从蓝色牛仔裤到绿色环保”活动背后的一个因素是该公司进行的大量内部研究。该研究表明，许多消费者希望“为环境做点什么”，但不确定如何做和做什么。新闻稿解释说，除了牛仔驱动活动，公司还努力将其众所周知（85% 的美国人都知道）的棉花图章标识设计为“天然”产品，是可再生的，对环境有益。也参见雅各布森和史密斯（Jacobson and Smith，2001 年：第 162–165 页）。

⑦ 企业和机构参与进来，如果既得利益是对其生产或推广的商品的持续需求，当然容易受到批评 [例如，史密斯，1996 年；史密斯，1998 年；托德（Todd），2004 年]。值得注意的是，在“棉花：从蓝色牛仔裤到绿色环保”活动中，环保主义与消费主义是完全兼容的，因为消费者行为的生态友好性完全取决于他们如何选择处理一件已经不穿的衣服。在这种环保主义的表述中，有什么被自然而然地忽略了呢？那就是消费以各种形式对环境造成的压力——自然资源、污染、消费后的废物——以及每个美国消费者平均每年扔掉的 68 磅衣服。

⑧ 当然，废弃服装最著名的用途是作为二手衣服使用，许多学者已经讨论了这些废弃服装如何才能成为一些第三世界国家服装的廉价替代品 [汉森，2000 年；诺里斯（Norris），2005 年]。

⑨ R 值的单位是平方米开尔文 / 瓦特。

⑩ 该新闻稿解释说，其目标是“让患者更健康”，强调了该机构针对健康的“整体方针”，还提到该机构只使用无毒清洁剂，地板是橡胶而不是层压板，扶手材质不含 PBC。

⑪ 2007 年全球羊毛和棉花年产量分别为 210 万吨和 2500 万吨。

⑫ 2008 年 4 月 23 日采访美国开松厂。2000 年，墨西哥北部托雷翁市（Torreon）周边地区的牛仔裤制造公司平均每周生产 400 多万条牛仔裤（贝尔和格里菲，2001 年：第 1889 页）。哥伦比亚、洪都拉斯（Honduras）和尼加拉瓜（Nicaragua）也是牛仔裤生产基地。

参考文献

[1] Bair, J. and Gereffi, G.(2001), ‘Local Clusters in Global Chains: The Causes and Consequences of Export Dynamism in Torreon’ s Blue Jeans Industry’, *World Development,* 29(11): 1885–1903.

[2] Bellah, R. N., Madsen, R., Sullivan, W. M., Swidler, A. and Tipton, S. M.(1985), *Habits of the Heart: Individualism and Commitment in American Life,* New York: Harper & Row.

[3] Botterill, J.(2007), ‘Cowboys, Outlaws and Artists: The Rhetoric of Authenticity and Contemporary Jeans and Sneaker Advertisements’, *Journal of Consumer Culture,* 7(1): 105–125.

[4] Bremner, R.H.(1988), *American Philanthropy,* Chicago: Chicago University Press. Collier, B. J. and Tortora, P. G.(2000), *Understanding Textiles*, Upper Saddle River, NJ: Prentice–Hall.

[5] Davis, F.(1989), ‘Of Maid’ s Uniforms and Blue Jeans: The Drama of Status Ambivalences in Clothing and Fashion’, *Qualitative Sociology,* 12(4): 337–355.

[6] Finlayson, I.(1990), *Denim: an American Legend,* New York: Simon & Schuster.

[7] Friedman, L.J. and McGarvie, M.D.(eds)(2003), *Charity, Philanthropy, and Civility in American History,* Cambridge: Cambridge University Press.

［8］Gable, E. and Handler, R.(2006), ‘Persons of Stature and the Passing Parade: Egalitarian Dilemmas at Monticello and Colonial Williamsburg’, *Museum Anthropology,* 29(1): 5–19.

［9］Gilchrist, W. and R. Manzotti (1992), *Cult: A Visual History of Jeanswear: American Originals,* Zug, Switzerland: Sportswear International.

［10］Gore, A.(2006), *An Inconvenient Truth: The Planetary Emergency of Global Warming and What We Can Do about It,* New York: Rodale.

［11］Hansen, K.T.(2000), *Salaula: the World of Secondhand Clothing and Zamb*ia,Chicago: University of Chicago Press.

［12］Hawley, J.M.(2006), ‘Digging for Diamonds: A Conceptual Framework for Understanding Reclaimed Textile Products’, *Clothing and Textiles*, 24(3): 262–275.

［13］Jacobson, T.C. and Smith, G.D.(2001), *Cotton's Renaissance: A Study in Market Innovation*, Cambridge: Cambridge University Press.

［14］King, S.(2001), ‘All-Consuming Cause: Breast Cancer, Corporate Philanthropy, and the Market for Generosity’, *Social Text*, 69(4): 115–143.

［15］Kusserow, A.S.(1999), ‘De-Homogenizing American Individualism: Socializing Hard and Soft Individualism in Manhattan and Queens’, *Ethos*, 27(2): 210–234.

［16］Küchler, S. and Miller, D.(eds)(2005), *Clothing as Material Culture*, Oxford: Berg.

［17］Marsh, G. and Trynka, P.(2005), *Denim: From Cowboys to Catwalks: A History of the World's Most Legendary Fabric*, London: Aurum.

［18］McMurria, J.(2008), ‘Desperate Citizens and Good Samaritans’, *Television and New Media*, 9(4): 305–332.

［19］Melinkoff, E.(1984), *What We Wore: An Offbeat Social History of Women's Clothing 1950 to 1980*, New York: Quill.

［20］Miller, D. and Woodward, S.(2007), ‘Manifesto for a Study of Denim’, *Social Anthropology*, 15(3): 335.

[21] Myerhoff, B. and Mongulla, S.(1986), 'The Los Angeles Jews' "Walk for Solidarity": Parade, Festival, Pilgrimage', in H, Varenne (ed.), *Symbolizing America*, Lincoln: University of Nebraska Press, pp. 119–135.

[22] Norris, L.(2005), 'Cloth that Lies: The Secrets of Recycling in India', in S. Küchler and D. Miller (eds), *Clothing as Material Culture*, Oxford: Berg, pp. 83–106.

[23] Parikh, D.V., Chen, Y. and Sun, Y–L.(2006), 'Reducing Automotive Interior Noise with Natural Fiber Nonwoven Floor Covering Systems', *Textile Research Journal*, 76(11): 813–820.

[24] Rabine, L.W. and Kaiser, S.(2006), 'Sewing Machines and Dream Machines in Los Angeles and San Francisco: The Case of the Blue Jean', in C. Breward and D. Gilbert (eds), *Fashion's World Cities*, Oxford: Berg.

[25] Shain, B.A.(1994), *The Myth of American Individualism: The Protestant Origins of American Political Thought*, Princeton, NJ: Princeton University Press.

[26] Smith, N.(1996). 'The Production of Nature', in G. Robertson, J. Bird, B. Curtis and M. Mash (eds), *FutureNatural: Nature, Science, Culture*, London: Routledge, pp. 35–55.

[27] Smith, T.(1998), *The Myth of Green Marketing: Tending our Goats at the Edge of the Apocalypse*, Toronto: University of Toronto Press.

[28] Snyder, R.L.(2008), *Fugitive Denim: A Moving Story of People and Pants in the Borderless World of Global Trade*, New York: W.W. Norton & Company.

[29] Spindler, G. and Spindler, L.(1983), 'Anthropologists View American Culture', *Annual Reviews in Anthropology*, 12: 49–78.

[30] Stole, I.L.(2008), 'Philanthropy as Public Relations: A Critical Perspective on Cause Marketing', *International Journal of Communication*, 2: 20–40.

[31] Sullivan, J.(2006), *Jeans: A Cultural History of an American Icon*, New York: Gotham Books.

[32] Todd, A.M.(2004), 'The Aesthetic Turn in Green Marketing: Environmental

Consumer Ethics of Natural Personal Care Products', *Ethics and the Environment*,9(2): 86–102.

[33] Varenne, H.(1977), *Americans Together: Structured Diversity in a Midwestern Town*, New York: Teachers College Press.

—4—

牛仔裤在喀拉拉邦坎努尔城的发展困境

丹尼尔·米勒

并非是全球牛仔裤

在研究全球牛仔裤的背景下，南亚地区或许代表着世界上少有的牛仔裤穿着相对不常见的主要地区，因此对南亚地区的研究显得尤为重要。没有一个地方能够代表整个南亚地区，但在印度喀拉拉邦北部的坎努尔城有一个优势——至少对于该邦而言，这个小城在居民心中的定位明确，即处于农村的保守主义和大城市的世界主义的中间位置。正因如此，坎努尔城的许多居民都认为这个城镇很快就会发展起来，因而很多当地传统的风俗都会慢慢地消逝，取而代之的是不可避免的更为世界化的影响，这些影响通过诸如牛仔裤之类的文化形态得以呈现。然而，正如本文将要探讨的，我们有理由认为这样的发展并非不可避免，坎努尔城将在这种中间状态保持相当长的一段时间。本文并不会着重描写牛仔裤穿着是如何在坎努尔城流行起来的，而是主要讲述反对牛仔裤穿着的保守主义在该城的兴起。

坎努尔城穿牛仔裤的人相对稀少，但人们并不认为这与美国化有关，或者是对美国化的反抗，因为牛仔裤和美国化并没有什么关联。当被问到牛仔裤的起源地是哪里，或者当今世界上哪个地区与牛仔裤关联最大时，只有很少一部分人会联想到美国，而且这些人主要是坎努尔城的精英人士和有亲戚在西方国家生活的人。对于绝大多数居民来说，牛仔裤就是一种印度现象，甚至有不少人建议将其作为坚韧耐用的矿工长裤使用。而且大多数人认为牛仔裤源于印度，此外，最有可能的起源地就是德国，还有些人认为是英国，但很少有人认为是美国。

坎努尔城是喀拉拉邦的首要地区，城市的新闻和言论均由该邦主导，同时该邦也代表着说马拉雅拉姆语（Malayalam）的地区。从喀拉拉邦出发，下一个进入视野的是南印度，尤其是邻近的泰米尔纳德邦（Tamil Nadu）。目前喀拉拉邦的大部分迁入人口都是泰米尔纳德邦特别贫穷的居民，他们大多数人基本不懂印地语，而印地语是喀拉拉邦最常用的语言，因此，相较于喀拉拉邦，他们更关心当地的政治。现在有许多人关注更广泛的世界主义或印度意识的兴起，例如，马泽雷拉（Mazzerella，2003年）关于商业和广告的研究，法韦罗（Favero，2005年）对德里年轻男性的研究［另见威尔金森－韦伯，本书］，并且有人已经将其应用于喀拉拉邦的研究中［卢肯斯（Lukose），2005年］。但是在坎努尔城，人们心目中的外国主要就是海湾地区（the Gulf，指波斯湾——译者注），有许多人在那里都找到了工作。喀拉拉邦的居民受到较为良好的教育，即使是那些没有在国外工作过的人，对外面的世界也比较了解。这里也有移民社区，并且在除了蓝色牛仔裤之外的一些领域，如板球和足球，人们对这个更广阔的世界还是相当熟悉并颇感兴趣的。

坎努尔城大约生活着6.3万人，其中大概50%是印度教徒，35%是穆斯林，15%是基督教徒。尽管他们来源不同，但都被提亚（Tiyyar）这一高种姓的人群统治［提亚种姓和依查拉（Izara）种姓一样，均由菲利普·奥赛拉和卡洛琳·奥赛拉（F. Osella and C. Osella）在2000年进行了完善的记录］。从等级上讲，传统上占统治地位的种姓是纳亚尔（Nayar）［富勒（Fuller），1976年］。从历史上看，以前的坎努尔城被穆斯林邦主所统治［通常是一位名叫比比（Bibi）的女性首领］，而现代的坎努尔城则是由英国人开发的名为马德拉斯管辖区（Madras Presidency）的行政区，包括军队驻地、火车站和大型监狱。这一切都由于政治经济剧变而中断。从1957年起，喀拉拉邦就一直定期民主选举出共产党执政，期间偶尔也会有其他政党上台。与整个喀拉拉邦一样，坎努尔城也随处装点着宣传印度共产党（马克思主义）[Communist Party of India，Marxist，缩写为 CPI（M）] 的旗帜和墙面壁画。印度共产党（马克思主义）几乎影响了所有的地方组织，从妇女组织到商会再到乡村自治村委会。印度共产党的统治主张土地的重新分配和相对平等，形成了经济发展的“喀拉拉邦模式”[Kerala Model，杰夫瑞（Jeffrey），1992 年；德赛（Desai），2007 年]，从而使得居民的平均寿命超过了美国，当地居民的识字率也比印度其他大多数地区都要高。然而，这也导致了许多效率低下、几近破产的国企和官僚机构的产生。面临不断攀升的债务，农民中仍有相当多的失业和自杀问题（这些农民主要是低种姓和部落成员）。

讽刺的是，结合自身穆斯林传统来看，高等教育所产生的最主要结果是让坎努尔城的工人能够胜任海湾地区报酬丰厚的工作。反过来，这笔钱又助长了建筑业的繁荣，土地价格不断上涨，地方资本主义和消费一派繁荣。返乡工人建造的许多富丽堂皇的房屋，更是体现了这一点 [有关喀拉拉邦消费的更多信息，参见怀利特（Whilete），2008 年]。无论是共产主义还是资本主义，这些现代性的新生力量与传统的社会和宗教差异之间关系紧张，使得坎努尔城成为喀拉拉邦内政治暴力的主要发生地。在印度共产党（马克思主义）的骨干成员与印度国民志愿服务团（RSS）或印度传统政党极端派的骨干成员之间常常发生小规模战争。

坎努尔城的服装

事实上，几乎没有哪个家庭不穿牛仔裤，而且每家每户都因为这样或那样的原因对牛仔裤存在分歧。在南亚以外的大部分地区，成年人穿牛仔裤的比例已接近 50%，与此形成鲜明对比的是，根据笔者统计，在坎努尔城大约只有 5% 的成年人在城里行走时穿着牛仔裤——由 10% 的成年男性和 0% 的成年女性组成。男式服装以经典的休闲“长裤”配上白色或米色的短袖衬衫为主，休闲“长裤”是一种剪裁简单的直边裤，通常是暗棕色。一般来讲裤子只有几种已命名的类别：休闲裤、工装裤、牛仔裤、运动裤，根据长度还可分为百慕大短裤（指长度到膝上2~3厘米、款式随性休闲的短裤——译者注）、热裤和七分裤。人们只知道“丹宁”是一种纺织品。牛仔裤除了蓝色以外，最常见的是黑色和棕色（不过，笔者的街道统计数据仅基于更易辨识的蓝色牛仔裤）。在城区中心，大约25%的男性仍会穿托蒂（dhoti，传统方法缠裹的裤子——译者注）或隆吉（lunghi，腰布），即一张未缝合的布料；女装可分为以下4种:43%的女性穿纱丽（sari，南亚妇女裹在身上的长巾——译者注），33%穿丘里达[churidah，莎尔瓦－克米兹（shalwar-kamiz）在当地的叫法]，21%穿布尔卡（burkha，一些国家中穆斯林女子在公共场所穿戴的女袍——译者注），3%戴面纱或者大型头巾——比普通的围巾要大，但不是完整的布尔卡（它们在北方的称呼）。在节日里，最常见的装束是男性穿托蒂，女性穿纱丽。而在家里，女性往往穿一件非常不成型的“及踝长裙”配衬裙。

童装在这里是一种例外，工装裤与牛仔裤的结合是男孩子服装的主流风格。这是一种装饰繁复的牛仔裤款式，口袋数量不定，可以出现在裤子的任意位置。许多商品倾向于将上衣与裤子搭配出售，大多色彩明亮，并装饰有精细的刺绣或印花细节。其中一些看起来像牛仔裤的裤子实际上并不是由牛仔裤材料制成的，但总的来说，坎努尔城的儿童牛仔裤将牛仔裤风格带向了一个新的华丽艳俗的极端。这是一个非常明显的普遍化的开始，即牛仔裤主要是依据穿着者的年龄来分类，小孩子的牛仔裤装饰最为精致；青少年则仍然倾向于红色和白色的刺绣图案，尤其是后口袋周围的图案，这种裤子可能会有更多工装裤风格的口袋，各种褪色与做旧的类型都有；随着他们年龄的增长，对这种装饰繁复的牛仔裤的喜好逐渐减弱，直到后口袋周围装饰简单的普通牛仔裤成为大学生和大学毕业生们的主流牛仔裤；此后，穿牛仔裤的情况就相对较少了，到了35~40岁，牛仔裤几乎完全被普通休闲裤所取代，例如，价格较低的针织裤，或者高级管理者常穿的褶皱裤（包括斜纹棉布裤），这几类裤子在高薪人士的办公室里最常见，而高级管理者的着装通常遵循政府或公司的正式着装规定。就像本文几乎所有内容一样，这种裤子与年龄的关系是带有例外的普遍化。即使是婴儿也可能穿的是完全普通的牛仔裤[在科泽科德市（Kozikhode）的一家高档商店里就有这种裤子]，你也可以看到年纪较大的男人仍然穿着牛仔裤。但是这种牛仔裤与年龄的关联性通常是存在的。

在很小的时候，女孩们的衣服也有牛仔裤，通常是男孩穿的工装风格牛仔裤，也有牛仔裤材质的裙子和带有明艳刺绣（常常是添加亮片的花朵图案）的牛仔裤。9~12 岁，女孩们包括同龄男孩也会穿着做旧牛仔裤，以及女性化的牛仔裤。后者的褪色处理实际上变成了一种牛仔布的双色组合，以明亮的颜色为基础，比如粉色或绿色。牛仔裤这种服装在女孩中不像在男孩中那样普遍。随着女孩们逐渐成长为十几岁的少女甚至未来的新娘，牛仔裤逐渐从城市的公共舞台上淡出。不过，在某些场合女孩们仍然会穿牛仔裤。例如，在一所学校，大约 20% 的 13~15 岁的女孩在难得的允许可以不穿校服的日子里选择穿牛仔裤。对年龄在 16 岁以上的女孩来说，这一比例会有所下降。工程学院是一个例外，据说那里有一半的女孩穿牛仔裤，但笔者去的那天所有人都穿着丘里达，因为那天不是工作日，而实际上对女孩来说牛仔裤已经变成了工作服。这种情况与在城里看不到女孩穿牛仔裤相符，因为大多数学校都有校车从离家不远的地方接送她们。然而，几乎所有的女孩都有牛仔裤，她们准备在离开坎努尔城的任何场合穿，无论是学校的短途旅行还是去印度其他城镇的家庭旅行。

向两位奥赛拉学习

菲利普·奥赛拉和卡洛琳·奥赛拉合著了《喀拉拉邦的社会流动性》（*Social Mobility in Kerala*，奥赛拉和奥赛拉，2000 年，另见 1999 年）一书。笔者对上文中牛仔裤穿着模式的分析很大程度上源自与该书中更为广泛的研究所进行的类比，该研究基于对喀拉拉邦中部一个村庄进行的为期三年多的密集田野调查。这本书记录了在数量上占主导地位的伊扎瓦（Izava）种姓（相当于坎努尔城的提亚种姓）实现相对种姓地位逐渐上升的方法——在一定程度上与较低的种姓 [如基督教的普拉亚（Pulaya）种姓] 区分开来。普拉亚人乐于接受新的时尚，如当地马拉雅拉姆语电影业中受拉格音乐（raga，印度古典音乐中的旋律体系——译者注）影响的街头风格。作为回应，伊扎瓦人则在着装上变得更加保守，从而将自己与一些更高地位的种姓联系起来。

同样地，笔者发现在坎努尔城，穆斯林特别喜欢时尚、鲜艳的色彩和闪亮的材料，也酷爱牛仔裤。尽管近年来越来越多的穆斯林女性选择穿黑色的服装，并戴上面纱，但对女性来说，在婚礼之外的公共场合穿着闪亮的服饰仍会被认为是穆斯林。相比之下，印度教信徒在婚礼之外的穿着主要是沉闷压抑的风格。最近，人们对穆斯林时尚产生了相当大的兴趣，但坎努尔城的情况似乎再一次表现出与全球伊斯兰时尚 [如塔罗和穆尔斯（Moors），2007 年]，或者实际上是与伊斯兰神学 [比较桑迪奇（Sandikci）和葛尔（Ger）对土耳其的研究，2006 年、2007 年，以及阿巴扎（Abaza）对埃及的研究，2007 年] 之间的联系不那么紧密。这种华丽、明亮和闪闪发光的风格美学似乎更多地与来自海湾地区的“暴发户”联系在一起（菲利普 · 奥赛拉和卡洛琳 · 奥赛拉，2007 年 a：第 244 页）。

对于年轻的穆斯林男性来说，这种相对花哨的风格在他们的牛仔裤上体现得尤为明显。他们往往拥有更多的牛仔裤，而且还是最新款式，包括低腰牛仔裤、各种款式的做旧牛仔裤（如破洞和褪色的牛仔裤），以及后口袋或裤腿上有大量彩色刺绣的牛仔裤。服装零售商说有四个销售旺季，包括两个印度教节日——维苏节（Vishu）和欧南节（Onam），以及两个穆斯林节日——开斋节（Eid ul-Fitre）和宰牲节（Eid Bakrid）。其中开斋节和宰牲节期间是服装销售的主力，销量是非节日周的 4~12 倍。他们指出只有在穆斯林节日（而不是印度教节日）才会售出昂贵且时尚的进口牛仔裤，包括装饰最精致的牛仔裤。当然，我列举的证据不足以完全反映年轻穆斯林男性着装的内在差异（关于这一点，参见菲利普 · 奥赛拉和卡洛琳 · 奥赛拉，2007 年 a：第 245–248 页关于怪异风格和斜纹棉布裤的部分）。

传统上，对品味的贬低和粗俗的指责更多的是与种姓有关，而不是宗教本身。现在印度教信徒显然在试图暗示穆斯林对鲜艳颜色的偏爱更像是村民的粗俗品味，而不是城镇里那些精通时尚的风雅之士的趣味，这就让人联想到一种隐含的轻蔑之意，几乎等同把他们幼儿化。穆斯林的服装尤其是各种花哨的牛仔裤也因此更像儿童服装，而不像印度人眼中负责任的成年人的服装。正如商店报道的那样，印度人不仅会在节日里买更便宜和不那么时尚的衣服，而且更有可能为他们的孩子买牛仔裤和流行服装，而穆斯林则会为成年男性买这些服装。正如宝莱坞和其他电影风格的影响一样，时尚当然会影响儿童衣服的潮流。例如，在 2008 年 1 月，最新的马拉雅拉姆语热门电影《巧克力》（*Chocolate*）就引领了一种未包边的圆形铜色纽扣时尚，几个月后，这种纽扣成为 4~5 岁儿童的服装潮流。

在某种程度上，这就有可能将两位奥赛拉的论点从乡村背景转移到坎努尔城。一个群体可能为了与另一个群体保持距离而避免穿某些款式的时装，因为现在的群体与时尚有着密切的联系。牛仔裤也牵涉其中，或时髦，或精心装饰，或做旧。无论如何，当你更详细地研究坎努尔城的情况时会发现许多显著的差异和影响。基督教的普拉亚种姓在村里仍然相对贫穷并受到压迫，相比之下，在坎努尔城，虽然印度教信徒尤其是提亚种姓在人数上占主导地位，但穆斯林在其他各方面都获得了优势。在传统意义上，穆斯林统治着该地区，是海湾地区工作的首选，而且现在也是坎努尔城最富有的人群，穆斯林在城里昂贵的酒店餐厅就餐的人数明显超过了其他用餐者。就总体而言，他们是更外向的人群，在公园和家人可以晚上外出散步的地方也更显眼。

尽管许多穆斯林妇女全身或部分穿着黑袍，但是她们衣服的其他部分通常非常鲜亮，并装饰有闪亮的材料，如有金属光泽的刺绣和亮片。此外，男性更爱穿明亮（如黄色）的衬衫和有刺绣的牛仔裤。鉴于此，穆斯林就是城市本身的流动装饰。不过这并不是说牛仔裤本身就和穆斯林有关。奇怪的是，莎尔瓦－克米兹甚至在很大程度上脱离了这些联系［巴尔（Bahl），2005 年；班纳吉和米勒，2005 年］，尽管菲利普·奥赛拉和卡洛琳·奥赛拉（2007年a：第239页）指出，喀拉拉邦并不完全如此。相反，牛仔裤被纳入了更大的审美范围，因此，更昂贵、更俗丽、更具装饰性的牛仔裤既得到年轻人的认同，也符合穆斯林的品味。当坎努尔城的印度教徒把这些联系起来时，人们就注意到了一种矛盾心理，因为直到最近，这些牛仔裤仍是成功、财富和公众形象的显著标志。或许正是鉴于此，穆斯林认为没有理由不炫耀他们的存在，没有理由不向世界展现一种闪闪发光的审美观。因此，在认真聆听印度教徒之间的对话时，很明显能感受到他们在讨论牛仔裤和闪亮服饰时表达出越来越多的矛盾和怨恨。

今天，每个人都认识到，拥有品牌服装、拥有与宝莱坞电影产业的名人相关的服装（参见威尔金森－韦伯，本书）代表着一种渴望，这种渴望主导了更大的世界，以至于无法忽视，也不能因其粗俗而不予理会。毕竟不管是马拉雅拉姆语电影中年轻潇洒的男明星，还是备受尊敬的宝莱坞元老阿米特巴·巴强，都有可能会在电影中为了饰演角色而穿褪色的牛仔裤。阿米特巴·巴强的儿子阿布舍克·巴强（Abhishek Bachchan）最近在“世纪婚礼”中迎娶了艾西瓦娅·雷（Aishwarya Rai），这位新娘就出演了牛仔裤广告。例如，一位23岁的保守印度教信徒知道自己一旦完成文学硕士学业就会结婚，于是开始约会潜在的追求者。她认为“90%”的人会穿着牛仔裤来见她，并且只要他们穿着简单款式的品牌牛仔裤，她就会将其视作经济稳定、性格良好的标志。虽然她对这些品牌的细节知之甚少，但如果有机会，她肯定会尝试去看看这些品牌。因此，前文中关于潜在幼儿化的解释可能过于简单，毕竟儿童主要体现的是渴望的投射，而印度教对儿童牛仔裤成人工装风格和其他时装的强调，更像是他们普遍矛盾心理的标志，或许这才是更为合理的解释。

从两位奥赛拉最近的研究工作中，我们可以更深入地了解这种围绕牛仔裤的矛盾心理。在关于男子气概的研究中，两人讨论了那些穿着精心设计的做旧牛仔裤的青少年。这种穿着可能会被视为典型的青少年行为，但也可能被看作是“粗鲁男孩”的特征。这些青少年也被看作是那种会尝试和女性“胡混”的男性——这是一种更冒失、更具有潜在侵略性的男性气质，印度教信徒将其与年轻的穆斯林男性联系在一起。两位奥赛拉分析了不同地域的男子气概（菲利普・奥赛拉和卡洛琳・奥赛拉，2001 年、2007 年 b），例如，马来雅拉姆语电影中的两个主要男性英雄（菲利普・奥赛拉和卡洛琳・奥赛拉，2004 年），分析表明，在喀拉拉邦发现的男子气概的各种理想类型不应该被视为简单的对立。相反，从分析的角度来看，它们更像是一种变体形式。宗教、种姓和性别表现出各种象征性差别和刻板印象，形成了一个与所有人都相关的更大的可能性结构（比较米勒 1998 年的“种族和消费”研究）。考虑到海湾地区的暴发户，现在有几种可能的途径可以让这些年轻人成为更有责任感的成年人和父亲。正如两位奥赛拉在分析叙事进程时（菲利普・奥赛拉和卡洛琳・奥赛拉，2006 年）所表明的那样，这些做法往往相互矛盾，受到多种因素的交叉影响。

迄今为止，来自坎努尔城的资料强调的是对牛仔裤的一种矛盾心理，这在一定程度上反映了单一服装维度如何被一种更多维度的可能性模式所赶超。我们从男人和裤子的简单关系开始分析，然后发现了年龄和穿牛仔裤之间的普遍关系。我们现在看到的是各类裤子被精心设计来体现越来越多不同的男性形象，包括牛仔裤和长裤作为行政风格的对比，以及朴素和装饰华丽的牛仔裤之间的对比。与其他裤子不同的是，相较于传统的纯棕色缝制裤子，装饰华丽的牛仔裤可以通过精心设计来配合男性成长过程中更为丰富多变的内部复杂性。与此同时，牛仔裤的这种设计也说明的确有一种占主导地位的整体轨迹，这使得牛仔裤可以继续作为一种工具，使负责任的成年人可以借此贬低不负责任的青年人，这种贬低首先体现为不穿精心设计的牛仔裤，然后体现在牛仔裤穿着本身。

这种对牛仔裤的矛盾心理也体现在人们对牛仔裤的看法明显与其他证据相矛盾的各种事例中。其中一个例子是对成本的讨论，尽管这也反映了市场的飞速变化。几乎所有的信息提供者都认为牛仔裤是裤子中比较昂贵的一类。不出所料，印度教信徒解释说，穆斯林有更多牛仔裤只是因为他们更有钱。有一段时间，情况的确如此。那时，拥有牛仔裤的数量与海湾财富资源有特定的联系。然而今天，牛仔裤可能是裤子中最便宜的一种选择。在市场上，无品牌的牛仔裤售价为 200 卢比或 300 卢比（2008 年 1 月时，1 英镑约等于 80 印度卢比）。鉴于此，作为仍然需要裁剪缝制而销售的牛仔裤在很大程度上已经消失，因为要缝制牛仔裤，裁缝可能会收取 170 卢比左右的费用。目前，缝制服务主要面向海湾地区的富有客户，因为他们难以接受成衣的标准尺寸。相比之下，休闲裤通常仍是需要缝制的。品牌牛仔裤的价格也可能高达 2000 卢比，其他品牌的裤子也是如此。所以，牛仔裤和其他裤子一样便宜，甚至会更加便宜。

其他因素使牛仔裤的价值大幅提高。几乎每个人都认为牛仔裤比其他裤子更耐穿，其使用寿命或许是其他裤子的两倍。据说牛仔裤会随着时间的推移而变得更好看——褪色甚至划破都可能让它们更好看。与其相比，其他裤子都是崭新的时候最好看，如果褪色或划破了就会送给穷人；如果裤子是棉质的，可以撕破当抹布。然而，人们仍然认为穆斯林拥有更多的牛仔裤是因为他们更有钱，这从本质上反映了一种情况，即穆斯林一般在服装上花费更多，在其他方面也展现出他们更富有，例如，房价或婚礼上的黄金支出。

尽管财富源于海湾地区的工作，但并没有海湾牛仔裤的概念。许多在海湾地区购买牛仔裤的人都认为这些牛仔裤其实是在印度生产的，虽然被检查的牛仔裤主要是泰国或中国制造的。大多数人仍然声称海湾服装更贵，质量更高，但已经有一些人开始承认实际上它们通常不如印度名牌牛仔裤价格高，质量也比不上。在两位奥赛拉进行田野调查的时候，时尚来自海湾地区。但是，在那之后，情况已经发生了很大的变化。在坎努尔城，没有人认为海湾地区对当前的男性时尚有任何影响。

穿牛仔裤的已婚妇女传奇

如果我们把话题从种姓和宗教转向女性，这种对牛仔裤的矛盾心理就会更加明显。在谁可以、谁应该穿牛仔裤的问题上，女性是讨论的主要对象。坎努尔城通常被认为介于农村地区和印度大城市之间。农村地区基本上禁止成年女性穿牛仔裤，而在班加罗尔（Bangalore）或孟买这样的大都市穿牛仔裤很大程度上不会引起争议。不过在喀拉拉邦一些较大的城镇，如安纳库林区（Ernakulam）和科泽科德区（Kozikhode），存在的不确定性稍微大一点。对坎努尔城的人来说，已婚妇女在公共场合穿着牛仔裤是会被批评的。我和市中心的一些人坐在一起谈话时，他们宣称，如果我们去外面走走，穿着牛仔裤的妇女就会立刻找我们搭话。同样，几乎每个人能说出某个在公共场合穿牛仔裤的女人的名字，指出她住在哪个村庄，或者她的某个远亲是谁。尽管从未见过这样的女人走在坎努尔城的大街上，但穿着牛仔裤的已婚女人的形象几乎已经具有了传奇色彩。

对于这一即将发生变化的象征，各方尚未达成共识。关于是否允许已婚女性在公共场合穿牛仔裤的问题，一所相对富裕的英语中学的大龄少女们对此看法各占一半。一位年轻的未婚女性讲述了五年前她 18 岁时的情形，她描述了当她第一次穿牛仔裤时，她的父亲是多么沮丧。特别提到的是，除了父母之外，大学校长、女性宿舍的管理员和姻亲都积极地干预控制着女性的着装。一位丈夫在海湾工作的妻子说，只有在她自己家里才能穿上丈夫的牛仔裤。相反，年龄较大的未婚少女几乎都说她们拥有牛仔裤，但只在出坎努尔城时才穿。而现在，这种穿法已被完全接受，但是取决于她们怎么穿——用宽松的长上衣或衬衣遮住一部分牛仔裤的穿法就是可以的，如果牛仔裤配短上衣或者任何紧身上衣，尤其是对于胸部丰满的女性来说，会被视为是潜在“放荡”行为的标志。

作为对女性行为进行更深入约束的一部分，这些担忧言之有理。如果把这些传统意识比拟成简·奥斯汀（Jane Austen）的小说 [不过若比拟成杰士瑞·米斯拉（Jaishree Misra）的小说《古老的承诺》（*Ancient Promises*）会更具指导意义]，可能会更好理解。未婚女性在夜幕降临后不能独自行走，也不能经常被看到和同一名男性在一起。即使是来自同一社区的大学朋友一起去上学，一段时间后也可能会被警告分开。任何可能导致含沙射影进而影响结婚的事情，都会成为一个问题。对于较高种姓或中高收入的女性来说，完成教育后会立即结婚，并且通常是包办婚姻。即使离家去海湾工作数十年的已婚男性不断增加，他们的妻子仍然可能被禁止参加工作。几十年来，自由恋爱式婚姻与包办婚姻的对照一直是电影戏剧的主旋律，因此，女性角色在传统和变革之间的紧张关系也明显存在于大多数家庭之中。

已婚妇女穿着牛仔裤的神话般的形象既表现了一种威胁，也传达出一种可能性。一些男性说，他们性幻想的理想形象仍主要是端庄、天真、穿着传统服饰的女性，他们想象女性因为自己而最终获得并感激性体验。在他们的观念中，牛仔裤既代表放荡的女人，也代表坚强的女人，对男人来说可能既令人讨厌又具有吸引力，而且很可能两者兼备。许多年轻男性，至少男人们在年轻时，都活跃在干部队伍中，或者被父母告知只应该学习并考上大学，这些都加剧了男性的矛盾心理，因为这两种情况都倾向于禁欲，抑制欲望。所以在结论中，我将回到这个问题，即这是否意味着进一步的改变即将来临。

牛仔裤、品牌与功能

这些社会因素与牛仔裤之间更大的联系体现了历史的影响，有些影响持续时间较长，有些影响则只持续了几十年。与此同时，牛仔裤也受到各种短期动态的影响。例如，商店只关心仅持续了一年甚至更短时间的时装动向。在 2008 年初牛仔裤并不怎么流行，而目前的流行趋势是一种由单色但有质感的面料制作的休闲裤。有些做旧或褪色款式的牛仔裤已经非常“过时”，而另一些后口袋刺绣的款式却能在某些年龄段流行起来。影响时尚的主要因素有当前的电视剧、宝莱坞的电影业，以及影响程度较低一点的当地马拉雅拉姆语和邻近的泰米尔语（Tamil）电影业。

考虑到高昂的电费，坎努尔城没有封闭式的带有空调的商场，城里的主要建筑是一座名为“市中心”（City Centre）的三层粉红色宫殿式建筑。这座建筑至少有一部自动扶梯，尽管从未运行。其中有一家“城市集市”（Citymart）在出售坎努尔城最昂贵的牛仔裤，“城市集市”最初是阿尔温德·米尔斯公司的特许经销店（保罗，2008 年：第 107–115 页），该公司于1931年在印度纺织品生产中心古吉拉特邦的艾哈迈达巴德市成立。1987年，公司决定专注制作牛仔布。到1991年，年产量已达1亿米，成为世界第四大牛仔布生产商，同时也是印度最大的纺织品生产商。作为一家国际牛仔布生产商，该公司生产各种混纺棉、各种织物面料和各种做旧处理的面料，占据了当代牛仔裤市场的大部分。然而，在2000~2004年，该公司陷入金融危机，现在才刚刚从危机中恢复过来。

从坎努尔城来看，虽然牛仔服现在已成为当地服装的一部分，但仍只占成年人口服装的5%，约为大多数国家的十分之一。在坎努尔城出售的绝大多数牛仔裤都比阿尔温德品牌牛仔裤便宜，甚至没有品牌。阿尔温德公司进行了许多尝试，例如，朴而固牌牛仔裤（Ruf & Tuf）——一种用于本地缝制的牛仔裤材料包。这些尝试一度取得了很好的效果，至今仍为低收入人群所熟知，直到所有这些缝制的牛仔裤与廉价的无品牌牛仔裤相比变得不实惠为止。现在“城市集市”销售多种品牌的牛仔裤。阿尔温德品牌一直是马泽雷拉（2003年）记录的品牌印度化的一个重要例子。“城市集市”里销售的威格牛仔裤、佩佩牛仔裤和李牌牛仔裤表面上相互竞争，其实都是阿尔温德·米尔斯公司的品牌，消费者也都将其视为印度品牌。这些牛仔裤售价在1600卢比左右，而且大多数都是富裕家庭才听说过的牌子。“城市集市”另有一部分柜台专门售卖价格600~900卢比的平价牛仔裤，主要有三个品牌，其中的新港牛仔裤（Newport）也是阿尔温德·米尔斯公司的品牌。消费者想到最多的是由宝莱坞电影明星阿克谢·库玛尔（也就是威尔金森－韦伯讨论的那位明星）为新港牛仔裤拍摄的广告。除此之外，还主要提到了另一些印度品牌，如杀手牛仔裤（Killer）、居所牛仔裤（Live-In）、固牌牛仔裤（Sturdy）和硬通货牛仔裤（Hard Currency）等，这些品牌在很多商店都有，包括市中心的其他商店，并且这些商店的售价比“城市集市”便宜，大都在500~700卢比，居所牛仔裤还有一个品牌专卖店。这些品牌大部分出自孟买或班加罗尔。但是情况十分混乱，因为几乎每条牛仔裤带有的标签就像一个品牌一样，在许多商店里，几乎有多少条牛仔裤，就有多少个不同的品牌标签，所以这些标签基本上没什么意义。在集市的普通商店里销售的牛仔裤，以及以那些没有直接在海湾地区赚钱的人为消费群体的大量牛仔裤，售价大多都在 400 卢比左右。如果仔细搜罗，甚至可以找到售价低于 300 卢比的牛仔裤。这些牛仔裤很可能是在泰米尔纳德邦的埃罗德地区（Erode）和蒂鲁巴地区（Tirupur）制造的。

城里最时尚的商店正在尝试新的展示风格，增加了铁娘子（Iron Maiden，英国伦敦的重金属乐队——译者注）等重金属乐队的 T 恤。店里的全部货品都是从曼谷进口，没有品牌，但是有各种各样风格精美的做旧与刺绣款式。品牌本身可能已经本地化了。例如，有一家公司在一些商店以全价出售某一品牌的牛仔裤，但大部分交易都是基于材料的：先以纺织品的形式从同一产地购买材料，再在当地进行缝制，最后再加上一个廉价的织物品牌标签，而不是原有的金属品牌标签。这些在当地制造的更便宜的牛仔裤都取得了该品牌的授权。这种拓展市场的策略似乎比生产假冒品牌牛仔裤更常见，但大多数低收入消费者对品牌没有多大兴趣。例如，妇女和儿童几乎都穿无品牌的牛仔裤。

笔者原以为喀拉拉邦不生产牛仔布，但其实坎努尔地区是众所周知的手工织布机生产中心。安巴迪公司（Ambadi）是一家本地公司，多年来一直为设计师工会（Designer Guild）等公司生产由手工织布机制作的高价值织物，这些公司把这种织物用于装饰白金汉宫和白宫。尽管很难在当地采购到具有足够密度的酶洗织物用于装饰，安巴迪公司还是在一些产品中使用了传统的牛仔裤材料。最近，该公司尝试了手工织牛仔布。如果能找到市场，它就可以通过手工织布的方式生产出体现公平贸易的、以植物靛蓝染色的平价牛仔布。这一情况与我所了解到的一些生产最便宜牛仔裤的泰米尔工厂里骇人听闻的情况形成了鲜明对比。

最后要讨论的内容与牛仔裤的穿着局限有关，涉及牛仔裤的功能性和恰当性。喀拉拉邦有几个月的严重雨季，在这期间几乎不可能晾干任何衣服。众所周知，牛仔裤很难晾干，湿着穿上身会特别重，让人感到不舒服。同时，牛仔裤又厚又重，不适合炎热的季节，更适合寒冷的季节。但喀拉拉邦没有真正的寒冷季节，只有在每年的 12 月到次年 1 月的几个星期温度比平时低几度。尽管这样，仍然有人穿牛仔裤。

牛仔裤的清洗已经成为男女之间、年轻人与老年人之间的公开冲突，任何一个在印度旅行过的人都明白这一点——除了鸟鸣和火车的汽笛声，还会经常听到远处在岩石上拍打衣物的重击声，这似乎是一项永无止境的洗衣任务。牛仔裤的问题在于它湿的时候很重，因此，几乎每个没有洗衣机的女性都认为，她现在患有永久性背痛归根到底是引进牛仔裤的结果。但是，大多数年轻人对此不屑一顾，认为这只是时尚的一种令人遗憾却又无法避免的影响。但也有些男人明确表示，为了母亲的健康，他们从来没有穿过牛仔裤，或者不再穿牛仔裤。

结论

像坎努尔城这样的地方对于“全球丹宁”项目具有特殊的意义。即使人们认为有 100 多个国家都受到了我们所称的“全球化”或“美国化”进程的影响，然而世界上大多数人口仍然生活在中国和南亚两个地区。这些地区规模庞大，具有内部完整性，所以不会轻易归入这种笼统的论述。同样，印度有关靛蓝染料的殖民遗产已完全从记忆中消失，今天的人们对此一无所知。在高端市场，受到宝莱坞影业以及阿尔温德·米尔斯公司品牌推广的影响，已经形成全球性趋势。而要进一步了解坎努尔城对牛仔裤的限制，我们主要需要关注喀拉拉邦的社会动态。

笔者从两位奥赛拉的人类学典范中得到了启示，包括其最初的群体模式——为了远离他人而拒绝时尚，也包括其最近的研究——显示了各种因素的复杂交汇，如年龄、海湾财富、男子气概、现代性等。相较而言，笔者自己的田野调查范围要小得多，也没有那么细致，但是，调查更专注于坎努尔城的牛仔裤及其与坎努尔城的具体关系，因而可能多少会有一些贡献。

首先是牛仔裤与地点变动之间的普遍关联。本文并不想暗示一种一致的宇宙观或适用于所有人的简化符号系统，但牛仔裤与本地到外地的地点变动之间显然一直有关联。与往常一样，这里有一种务实的正当性。

据说牛仔裤是旅行服的理想选择，它们相对结实，可以多穿几次再清洗。在每年学校的远足中，牛仔裤往往占主导地位。此外，年轻女性在离开坎努尔城时都会穿牛仔裤。然而，这种将牛仔裤与实用主义联系在一起的观点至今还没有定论。人们访问班加罗尔和孟买等大城市时，牛仔裤总是被视为合适的着装，当然更多的是因为那些地方被看作是适合穿着牛仔裤的场所。此外，外出探亲时也会穿牛仔裤。据说，参加国外的聚会是穿牛仔裤的最佳时机。

地点变动和移动性的联系意味着时间和空间维度。许多人明确认为，印度存在着某种必然的现代化趋势，在这种趋势中，坎努尔城将效仿更多的印度大都市，牛仔裤最终也会和在那些城市中一样普遍。也许是这么回事，但事情总有另一种可能。更令人印象深刻的证据来自反对方的各种力量。此外，在坎努尔城，穿牛仔裤的女性在某种程度上仍然很少。所以，即使大多数年轻女性都拥有牛仔裤，在大学里也穿牛仔裤，但由于特殊的公交车和监控，她们都设法不在城里的公共场所穿牛仔裤。寻找穿着牛仔裤的成年女性几乎成为笔者工作的主要内容，以至于在田野调查结束时，朋友们仍在“寻找”穿着牛仔裤的成年女性，想让笔者和她交谈，并承诺一见到这样的女性就给笔者打电话。

正如世界上其他许多地方一样，这里也有许多从政治、宗教和其他方面的论述来回应对现代性的想象，这些论述反过来从复兴传统和习俗的角度展开。坎努尔城显然被定义为具有根深蒂固的传统的地方。这个小城没什么特别之处，既是理想的居住地，也是作为出生地的重要家园——一个即使人们再也不会回来的家园，因为坎努尔城没有什么可提供给那些见过世面的人。这里的情况并不像奥尔维格（Olwig，1996 年）在加勒比海的一个岛屿上发现的情况那样极端，那个海岛的建设越来越服务于外来移民。但坎努尔城即使对于那些从未离开过的人们来说也非常适宜。农村和大都市之间的特定位置赋予了坎努尔城独特的结构定位——一个没有改变的地方。正如一位女教师所说，“到目前为止，没有人能改变我们的文化。尽管人们在海湾地区什么衣服都穿，但一回到坎努尔城，都会换上我们的传统服装”。

人们认可坎努尔城的这种行为准则，因为这同时提供了一种相对简单稳定的物化，考虑到在他们去过的穿着牛仔裤的世界里，可能发生的事情具有越来越多的复杂性和细微差别，这种简单稳定的物化便显得更有价值。在南亚，男人穿衬衫和裤子已经有一个多世纪了，但妇女显然一直是传统服饰的物化者（班纳吉和米勒，2003 年）。因此，无论她们的愿望和信仰如何，至少现在，大多数女性对在坎努尔城穿牛仔裤的想法仍然感到非常不舒服。对于男性而言，这种情况与约翰逊（Johnson，1997 年）对菲律宾（Philippines）的描述类似，即通过地方特色来减少被外部势力渗透的感觉。根据年龄区分牛仔裤的穿着和类型，并将拒绝穿牛仔裤作为成熟的明显标志，因此，不论男女，穿牛仔裤的总体比例仍然相对较低。

所以本文主要关注的不是坎努尔人为什么穿牛仔裤，而是他们为什么不穿。本文一开始介绍了两位奥赛拉的看法，即低种姓群体对西方时尚的接纳如何在那些试图与低种姓群体区分开来的人群中形成保守主义。从这个例子出发，本文提出了一系列类似的案例，在这些案例中，主导群体用他们对牛仔裤的否定来否定他们认为之前主导群体内部存在的问题。这一点在年纪较大的成熟男人中体现得特别明显，他们逐渐简化进而拒绝穿牛仔裤，想要确立自己具有责任感和可靠性的新形象。这一点也体现在从数量上占主导地位的印度教信徒中，他们尽量远离穆斯林男子喜欢的那些最时髦、最花哨的牛仔裤，并试图将这种光鲜亮丽和俗气装饰与农村乡巴佬的粗俗和婴儿的不懂事联系在一起。最后，这一点还体现在占主导地位的男性人群中，他们持续监控着穿牛仔裤的已婚女性大量出现的可能性。这里讨论的问题不同于以遥远的美国或西方为代表的外部世界。就像很多时候一样，这种具有象征意义的可能性可以调整成为更有针对性和地方性的东西——就是把年轻人、妇女和伊斯兰教徒的可能性结合起来，融入蓝色牛仔裤这一种类型之中，融入蓝色牛仔裤表现自我和瓦解分裂的能力之中。

致谢

非常感谢露西·诺里斯（Lucy Norris）和她的家人德克（Dirk）以及弗洛里安（Florian），感谢他们在2007年12月~2008年1月笔者进行田野调查期间的帮助和热情款待。还要感谢西玛（Seema）、希宾（Shibin）和韦努（Venu），以及坎努尔城的许多愿意花时间与我讨论牛仔裤的人。基于这项研究的图片文章可以在“全球丹宁”项目网站上查看。再次感谢露西对本文草稿的详细评论。此外，还要感谢索菲·伍德沃德的点评。

参考文献

[1] Abaza, M.(2007), ‘Shifting Landscapes of Fashion in Contemporary Egypt’, *Fashion Theory* (special issue edited by E. Tarlo and A. Moors), 11(2/3): 281–297.

[2] Bahl, V.(2005), ‘Shifting Boundadies of “Nativity” and “Modernity” in South Asian Women’ s Clothes’, *Dialectical Anthropology,* 29: 85–121.

[3] Banerjee, M. and Miller, D.(2003), *The Sari,* Oxford: Berg.

[4] Chopra, R., Osella, C. and Osella, F.(eds)(2004), *South Asian Masculinities,* Delhi: Kali for Women/Women’ s Unlimited Press.

[5] Desai, M.(2007), *State Formation and Radical Democracy in India,* London: Routledge.

[6] Favero, P.(2005), *India Dreams: Cultural Identity among Young Middle Class Men in New Delhi,* Stockholm: University of Stockholm.

[7] Jeffrey, R.(1992), *Politics, Women and Well-Being, How Kerala became a 'Model',* London: Macmillan.

[8] Olwig, K.(1996), *Global Culture, Island Identity,* London: Routledge.

[9] Fuller, C.(1976), *The Nayar Today,* Cambridge: Cambridge University Press.

[10] Johnson, M.(1997), *Beauty and Power,* Oxford: Berg

[11] Lukose, R.(2005), 'Consuming Globalization: Youth and Gender in Kerala, India' , *Journal of Social History* 38: 915–935.

[12] Mazzarella, W.(2003), *Shoveling Smoke: Advertising and Globalization in Contemporary India,* Duke University Press.

[13] Miller, D.(1998), 'Coca–Cola: A Black Sweet Drink from Trinidad' , in D. Miller (ed.), *Material Cultures,* Chicago: Chicago University Press.

[14] Osella, F. and Osella, C.(1999), 'From Transience To Immanence: Consumption, Life–Cycle and Social Mobility in Kerala, South India' , Modern Asian Studies, 33(4): 989–1020.

[15] Osella, F. and Osella, C.(2000), *Social Mobility in Kerala: Modernity and Identity in Conflict*, London: Pluto.Osella, C. and Osella, F.(2001), 'Contextualis–ing Sexuality: Young Men in Kerala, South India', in L. Manderson and P.L. Rice (eds), *Coming of Age in South and Southeast Asia: Youth, Courtship and Sexuality*, Curzon Press: London.

[16] Osella, C. and Osella, F.(2004), 'Malayali Young Men and their Movie Heroes' , in R. Chopra, C. Osella, and F. Osella (eds), *Masculinities in South Asia*, Kali for Women: Delhi.Osella, F, and Osella, C.(2006), 'Once upon a Time in the West: Stories of Migration and Modernity from Kerala, South India' , *Journal of the Royal Anthropological Institute,* 12(3): 569–588.

[17] Osella, C. and Osella, F.(2007a), 'Muslim Style in South India' , *Fashion Theory* (special issue edited by E. Tarlo and A. Moors), 11(2/3): 233–252.

[18] Osella C. and Osella, F.(2007b), *Men and Masculinities in South India*, London: Anthem Press.

[19] Paul. J (2008), *International Business*, New Delhi: Prentice Hall of India

[20] Sandikci, O. and Ger, G.(2006), 'Aesthetics, Ethics and Politics of the Turkish Headscarf' , in S. Küchler, and D. Miller (eds), *Clothing as Material Culture*, Oxford: Berg.

[21] Sandikci, O. and Ger, G.(2007), 'Constructing and Representing the Islamic Consumer in Turkey' , in *Fashion Theory* (special issue edited by E. Tarlo and

A. Moors), 11(2/3): 189–210.

[22] Tarlo, E and Moors, A.(eds)(2007), *Fashion Theory* (special issue edited by E. Tarlo and A. Moors), 11(2/3).

[23] Whilete, H.(2008), *Consumption and the Transformation of Everyday Life：A View from South India*, Basingstoke：Macmillan.

— 5 —

“巴西牛仔裤”：里约热内卢放克舞会中的物质性、身体和诱惑[①]

玛莲·米斯拉伊

“*Calça da* Gang”，或者说“巴西牛仔裤”（Brazilian Jeans），是在世界范围内得到普遍认可的一种独特裤装风格。根据对巴西文化的普遍认知，“巴西牛仔裤”不仅代表性感，而且具有让穿着者更加性感的力量。该认知产生的基础在于诞生这种牛仔裤的原始语境。巴西牛仔裤曾经是，并且仍然是里约热内卢放克（Funk）舞会上女性的主要服饰。结合特定语境，纵观媒体话语，我们便可窥见人们对牛仔裤的力量和潜力越发认同的原因。媒体对于放克舞会上的牛仔裤有十分明确的讨论——巴西牛仔裤本身就可以塑造身材。更具体地说，他们认为这种风格得以流行的原因是这些裤子能够“塑造臀部”——整个巴西文化中女性身体极为重要的部分。随着上流社会人士开始消费这种牛仔裤，居主导地位的巴西牛仔裤制造商开始照搬生产，并最终作为巴西牛仔裤出口。随后，这种牛仔裤风格逐渐风靡全球，而它“塑造臀部”的功能便成为最显著的一种属性（米斯拉伊，2003年）。考虑到这一神话围绕着牛仔裤本身展开，在对它的美学和人类学兴趣的驱使下，笔者参加了放克舞会。

放克舞会在贫民窟（即棚户区）的运动场或者主要社区之外的废弃体育俱乐部举行，参与者大多是贫民窟的年轻居民，是里约热内卢夜生活的传统。生活在城市中的每个年轻人都会参加一次放克舞会，或者至少会随着放克卡里奥卡（Funk Carioca）音乐的节奏跳舞。“卡里奥卡”

一词指的是里约热内卢（Rio de Janeiro），即卡里奥卡节奏的源头城市。该节奏起源于北美灵魂音乐（North American Soul）和迈阿密贝斯（Miami Bass），形成于再符号化过程。到20世纪80年代末，卡里奥卡配上巴西歌词，最终成型于里约热内卢的贫民窟，产生了真正的巴西当代电子音乐。②

一到舞会现场，笔者就打消了一些先入为主的看法。首先，也是非常重要的一点，笔者意识到“*Calça da* Gang”或说“巴西牛仔裤”这一裤装风格，即本章的主题，实际上是一种本土类别。这一点非常重要。舞会上人们穿的裤子被称为“莫尔托姆弹力裤”（Moletom Stretch Trousers，即*Calça de Moletom* Stretch），根据其莫尔托姆面料和弹性而得名。在那之前，笔者一直认为这种裤子是普通的牛仔裤，因为媒体和莫尔托姆弹力裤最著名的生产商品牌——帮派（Gang）就是这样描述的。因此，与巴西媒体为了强调这种裤子的一家生产商而使用的名称不同，这种草根类别让笔者关注到莫尔托姆弹力裤的物质性：其布料并不是牛仔布，只是模仿了牛仔布的外观而已。舞会上这种裤子的名称也具有包容性，强调面料的材质所决定的更广泛的风格，涉及更广阔的文化背景。在舞会上看到的帮派品牌只是这种风格裤子的生产商之一。就这一点来说，重要的是风格本身，而不是风格的创作者。跟笔者的采访对象一样，即使确实存在第一个生产商，但也开始不那么在乎是哪一个了。

这一阶段笔者研究放克美学的主要目的是进一步弄清楚孕育了“*Calça da* Gang”（在国际上被称为“巴西牛仔裤”）的审美诞生于怎样的关键语境。全球媒体使用的术语③指的是在巴西本土创造的风格之独特性，而不是指巴西人实际生产的牛仔裤。后者是本书中皮涅伊罗－马沙多所著那一章的重点，她的研究着眼于对生产商和零售商造成的影响以及特定品牌所带来的影响。④相比之下，本篇讨论的是本土类别的莫尔托姆弹力裤，这意味着不再集中关注品牌的中心地位，还要关注创意和风格问题。⑤

本篇试图说明，正是从事物的物质性（米勒，1987年）及其功用的性质［盖尔（Gell），1998年］出发，人们才能了解控制其用途和相关审美的逻辑。就笔者而言，聚焦一件特定服装就可以概括放克世界中的男性和女性在对待服装及身体的习惯方面所具有的一些主要特征。当然，笔者无意否认商品系统分类法的重要性[列维－斯特劳斯（Lévi-Strauss），1966年；萨林斯（Sahlins），1976年]。相反，在田野考察中发生的事件促使笔者建立了一整套全面的体系，由舞会中所穿的服装构成。但是数据表明，这些物品之间的关系，也就是它们的象征性特质，不足以解释莫尔托姆弹力裤的含义。更准确地说，民族志的解释要求调和几种理论方法，而不是各自为政。

所有意义都归于本土[格尔兹（Geertz），1983年]，这是一个基本概念。鉴于此，服装将与节日中的其他美学活动形成对话，例如，专业表演、音乐、歌词和舞蹈。笔者采用这种方法建立了一个三角关系来构建观点：关于衣服、身体和舞蹈的民族志，三者并非只是彼此重叠，它们最终会水乳交融[拉图尔（Latour），1994年，2005年]。[⑥]

舞会

由于进行田野考察的地点实施的是强权政治，派对主理人告诉笔者不要在活动中与舞者交谈。如果想在那里进行研究，就应该谨小慎微、少言寡语。我不敢质疑这一点，于是走到舞池对面的看台顶部，开始从那里观察欢庆活动。从物体的物质性和功用的角度进行研究的计划必须推迟一段时间。然而，在笔者看来，这个颇为严苛的要求提供了一个很好的位置，从这里可以看明白支配派对的驱动力，同时，也为笔者提供了所要研究的审美和美学的产生语境分布图。为了满足分类渴望——这是纯粹观察的结果——笔者根据在派对中观察到的对比情况建立了一个对立系统。笔者所观察到的审美系统化开启了笔者个人对支配舞会内的审美和社会关系的逻辑解释。

笔者最初的视角集中在服装和场景的概念上，并以此来理解放克派对上的美学。各种服装构成一个衣柜，就像在戏剧中一样：一组服装服务于特定的演出。演出中，不同角色的区分主要根据其不同的社会角色以及这些角色之间的对比。而放克衣柜（*Funk Wardrobe*）则被视为一组服装，形成于对立关系，由一组服装和身体装饰的各种元素建立。从这个角度来看，该对象并不被视为独立实体，而是属于关系系统的元素，因此必须从该组其他元素之间建立的对立链中获得其含义（列维－斯特劳斯，1963 年）。舞会的时空差异可以说也是舞者亲历的一种奇观，包括高潮时刻、使人想到双人舞（pas-de-deux）的队形、观众与演员之间的分隔，还有中场休息。[⑦]

派对从午夜开始，播放的歌曲都是"放克经典曲目"（Funk *Clássico*），该类别指的是较老的放克卡里奥卡，歌词更幼稚，有浪漫的"放克旋律"。舞者按性别分组，偶尔也会有较大的混合组。我们还能看到一些孕妇，她们通常裸露孕肚，有时跳电臀舞（rebolando），左右摇摆着臀部。此外，也可以看到对比鲜明的成对女孩两两共舞。大约在凌晨1点，播放的放克歌曲变为现代风格，以舞蹈节奏为主。歌词围绕两个主题：贫民区充满暴力的日常生活和男女关系。此时，运动场已经非常拥挤，而我们正在观看的演出也达到了高潮。主要由同性舞者组成的移动队列小火车（trenzinhos）开始移动了，弯弯曲曲地穿过在舞池跳舞的年轻人群，在蜿蜒行进中让观众欣赏其表演。名为《凌晨一点》（*One o'clock*）[⑧]的歌曲奏响了这一天的高潮。很快，专业的歌手和舞者群体将开始表演，他们的编舞和服装风格综合了参加聚会的人们身上所观察到的美学形式的特质。

举行派对的场所有两类。主要场所是运动场，也就是放克氛围的主场。在夜幕降临和午夜之时，同一运动场上会播放柔和的嘻哈音乐。而在另外一个更小、更温情的独特场所中，播放着被称为摇摆（Swing）或浪漫室内桑巴（Pagode Romântico）的舒缓桑巴变奏曲，充满了浪漫气息，人们随之舞动。年轻人通常会在两个时间点去找寻第二个场所：初到派对，空无一人的运动场正在播放嘻哈音乐的时候；午夜时分，放克又为嘻哈腾出空间的中场休息之时。这使他们得以在派对中短暂休息：去洗手间，检查发型，购买糖果、饮料、香烟和食物，在浪漫的地方放松一下。

女性的放克舞蹈主要由性感动作组成。姑娘们摇摆着，她们旋转或左右摆动臀部，或者向后扭动臀部。根据歌词，她们也会向前晃动臀部。相反，男孩的舞蹈则没那么性感。有些男孩也可能会摇摆臀部，试图引起女孩的注意。这些男孩通常不穿上衣，展示着自己的身体。但是他们也会嘲笑女孩，向后晃动臀部，模仿她们跳舞的样子。不过，如果说男性舞蹈中的性感并非例外，那么它也不是一种规范，更不是其鲜明特征。男孩舞蹈主要通过手臂和腿部来展示强壮而笔直的动作，这与女孩跳舞时展现身体曲线相反。

如果遇到小火车队列，就正好有合适的机会观察身体、舞蹈和美学之间的差异。女孩会夸大曲线动作，男孩则强调刚硬动作。他们在斜向和反向扭动臀部的同时，肩膀会向前推。而女性组成的小火车队列则更柔和。女孩们从容地扭动着臀部，有时她们会停下来，臀部后推。她们还会做纵向撩过整个身体的动作，像蛇一样弯曲身体，从头顶向下蜿蜒到腹部和臀部。有时，这种纵向的身体曲线还会辅以一条手臂形成的水平线，从手开始，在空中舞动。

典型的男性舞蹈风格与男孩们穿的衣服相对应：如一些全球性品牌运动鞋，长款涤纶短裤和网眼棉 T 恤，短裤和 T 恤都是宽松型的，不贴身。他们还可能戴上帽子，再次醒目地展示品牌徽标，或者不戴帽子以展示装饰有抽象或者具象图案的抢眼发型。这些发型设计要么通过染发完成，要么用剃须刀片修剪而成。这是舞会上典型的放克一族（funkeiro）的打扮，灵感来自冲浪服的风格（图 5-1）。

第二种具有特色的男装风格与派对中的另一些男孩相对应。他们穿着非常宽松的牛仔裤，但是通常不穿衬衫或者放克一族常穿的网眼棉 T 恤——尽管这些衣服非常合身。这两种独特的服装风格与同样独特的身体相貌有关。典型的放克一族风格适合瘦子（the *magrim*，即 skinny ones）；第二种风格则适合肌肉型男孩（*bombados*，即 muscular boys），他们不仅通过锻炼，还通过服用药物来获得健硕的身体。正如他们告诉笔者的那样，他们会花“一整个星期”来健身，以便能够在聚会上展示自己的身体。因此，与隐藏腿部的宽松裤子相比，他们偏爱凸显身体肌肉的紧身衬衫。根据他们的说法，他们的腿“像画眉鸟（sabiá，一种鸟类）

图 5-1　放克舞会典型男装

的腿一样瘦削”。

埃里克（Eric）和伊曼纽尔（Emanuel）是上述风格的两个代表，各有一群朋友。笔者观察了他们的日常生活，注意到身体和服装美学也与不同的“生活方式”相关。但是，不能对女装进行类似的划分，女孩的服装很难综合。与观察到的男孩的情况相反，女孩的舞蹈和着装形式之间没有连续性，在朋友群体中也没有美学同质性。

以一帮朋友的衣服为例。莉维亚（Lívia）穿着白色尼龙拼接莱卡网眼的抹胸短裙，上面印有红色和绿色的大花朵图案；索菲亚（Sofia）穿着莫尔托姆弹力裤的一种：到膝盖的黑色紧身款，织物表面的小孔眼形成了大的星星图案，上身则选择由聚酰胺和莱卡混纺制成的白色紧身上衣；艾琳（Irene）穿着红色套装——一件短款无袖上衣和一条戈黛拼片（*godet*）短裙，用与索菲亚的紧身上衣相同的材料制成；她的朋友穿着一条普通的深蓝色迷你牛仔裙，没有弹性和装饰，再搭配紧身的聚酰胺和莱卡网眼黑色上衣；另一个女孩穿着没有任何装饰细节的莫尔托姆弹力裤，以及宽松的没有弹性、也没有装饰的粉红色丝绸上衣（图 5-2~ 图 5-4）。

图 5-2　放克舞会典型女装（1）

图 5-3　放克舞会典型女装（2）

图 5-4　放克舞会典型女装（3）

关于男孩服装的分析，分类法是有效的。或许能在他们的审美中识别出一种逻辑，该逻辑很可能带来一种交流系统，物品在其中充当“桥梁”和“栅栏”的作用[道格拉斯和伊舍伍德（Douglas and Isherwood），1979年]。换句话说，笔者注意到服装风格、外在形体、舞蹈动作和“生活方式”之间强烈的相关性。但是，在接触女孩时却无法观察到相同的同质性。除此之外，女孩的服装类型广泛，鉴于此，单凭系统化手段明显不足以探知穿搭逻辑。是时候离开看台顶部，走进舞池，去记录女孩关于衣服和身体装饰用法的话语了。为了了解她们穿搭的关键，笔者不得不更仔细地研究个人的选择和物质性。为了掌握这种美学含义，就必须亲历孕育这种审美的聚会。

女装的风格化标志

分析报告的第二部分引出了一个补充性的理论观点，这是笔者在进行田野调查的过程中逐渐形成的。最开始接待笔者的那位派对主理人对笔者约束颇多，令人生畏。这位主理人一离开，派对随之暂时转移到相邻的体育俱乐部进行。更重要的是，在新的地点，放克氛围弥漫在露天平台，而不是像在运动场那样被分割成不同的区域。于是笔者加入了派对，开始被新的建筑形式支配。消逝的物理边界使笔者与他人产生了联系，并且认识到单纯的观察和简单的分类不足以说明笔者所追随的风格世界的多样性。看着一个女孩，并且再也无法辨别是什么引领着笔者的目光：她的身体、她的衣服，还是她的舞蹈？之所以说不清，是因为人、事物和律动的相互作用所产生的整个“行为体”（actant，拉图尔，1994年、2005年）占据了笔者的脑海。因此，如果打算研究物质如何潜移默化地支配我们的行为，那么，物质世界就会要求笔者回应物质性的呼唤，并遵循米勒（1987年、1994年a）和盖尔（1998年）提出的概念转向。

这里是“莫尔托姆弹力裤”再次出现的地方。实际上，这种裤子看起来像是普通牛仔裤，面料由棉和莱卡混纺制成，因此，其成分与普通弹力牛仔裤相同。尽管如此，面料线的纺制如同针织物，使其在垂直和水平方向上都可以拉伸，而常规的牛仔布－莱卡混纺制品只能从水平方向上拉伸。在此切记两个要点，这两点都是牛仔裤的物质性所带来的结果，第一点是对蓝色牛仔裤的模仿，尽管总是以蓝色牛仔裤的样子出现，但这种面料其实可以被染成任何需要的颜色；第二，涉及裤子的弹性（图5-5）。笔者将对后者先行展开论述。

女孩们说，这种“莫尔托姆弹力面料”生产出的牛仔裤非常适合跳舞，莫尔托姆弹力裤的弹性与其所带来的行动自由紧密相关。此外，轻薄且贴身的面料，进一步凸显了圆润的放克身材。放克舞蹈的曲线特性本就特别强调这种圆润身型。衣服必须很薄，尽量不占体积，就像人体的第二层皮肤一样，勾勒出身材曲线。服装的设计也实现了与身体的融合，无论哪种款式，都没有后口袋，更加凸显了臀部曲线。如果有口袋

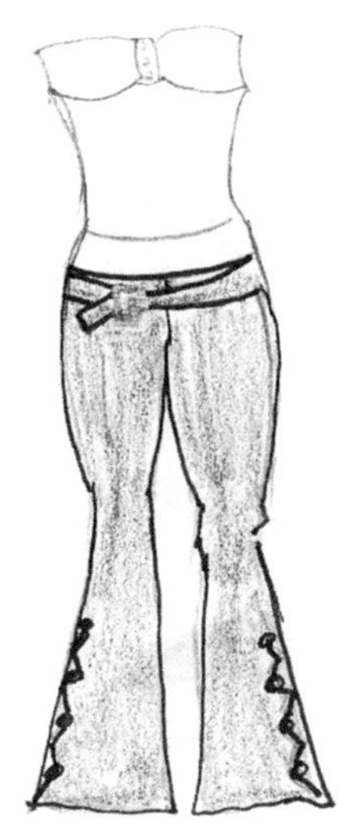

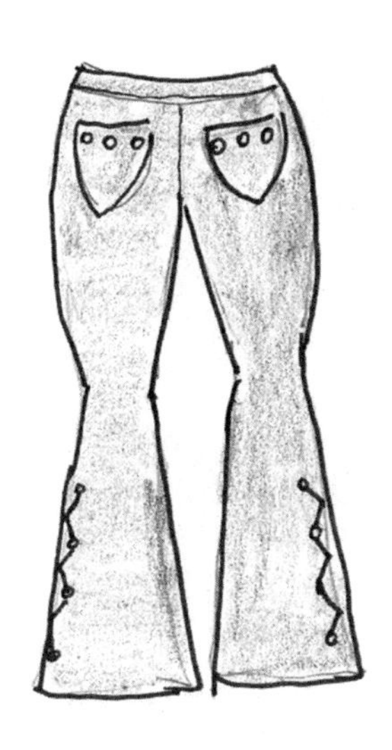

图 5-5　莫尔托姆弹力裤（1）

的话，实际上也只是由针脚加以体现，这是另一个模仿的地方。莫尔托姆弹力裤并没有塑造身材，而是强化了本身的玲珑有致。就像派对上姑娘们所说的，“这种裤子”不会“给人一个美臀”，而是美化原有的臀部曲线。因为具有弹性，莫尔托姆弹力裤的尺寸可以比平时更小，从而增强张力效果。[⑩] 由于这些原因，纤细苗条的身材在套上这种裤子后，会变得更加笔直，缺少曲线感，因而无法体现这种裤子的理想表现效果。

除此之外，这种面料比大多数普通针织品厚，所以能够在上面添加巴洛克式工艺元素（例如，水钻、大头钉、刺绣、花边碎片和其他材料），并以“孔眼”（*buracos*）的形式精心装饰——嵌入扣眼、网眼材料、切口、裂口、碎片等，再用孔眼构成抽象或具象的主题（如星星、心形或蝴蝶形），也可以用水钻装饰，露出皮肤。带有这些装饰元素的服装非常适合这种特别的场合，既具有丰富的美学内涵，又具有外观的性感气息。最后，莫尔托姆弹力裤有喇叭形或短靴形，长度可以到膝盖（就像紧身的百慕大短裤），或到小腿中部。尽管有这么多变化，但这些裤子都是真正的莫尔托姆弹力裤，这种风格的特殊性与面料的物质性有着内在的联系。在这里，牛仔裤从未变得“显而不易见”（米勒和伍德沃德，2007年）（图5-6~图5-10）。

图 5-6　莫尔托姆弹力裤（2）

图 5-7　莫尔托姆弹力裤（3）

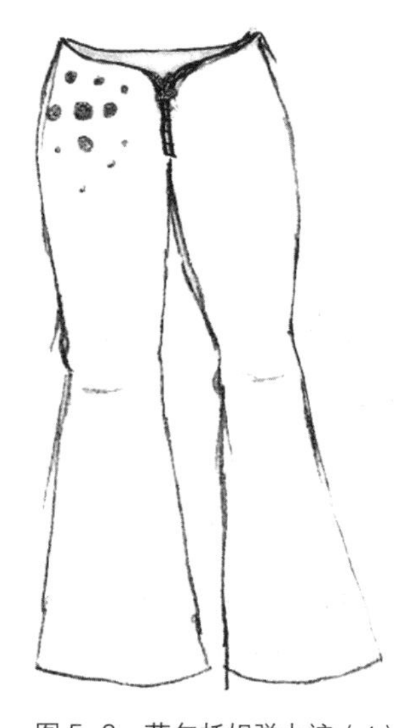

图 5-8　莫尔托姆弹力裤（4）

图 5-9　莫尔托姆弹力裤（5）

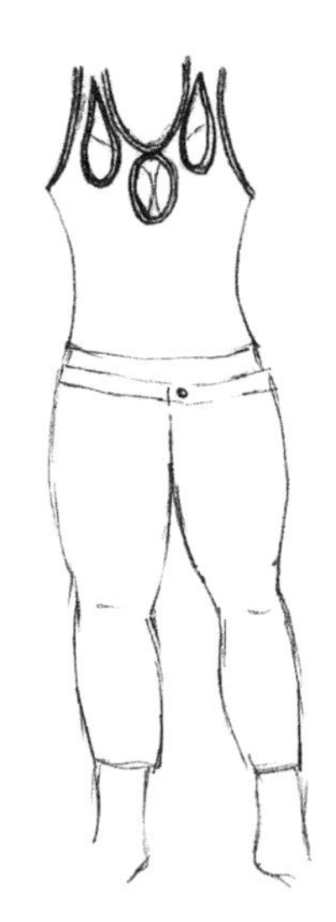

图 5-10　莫尔托姆弹力裤（6）

根据盖尔（1998年）的说法，提及一种风格，也就提及了一种物品，因为特殊的风格是在人工制品的相互联系中形成的，而风格中的任何一方面涉及的都是艺术品整体。物品和图案相互转换。作为具有图像整体信息（尽管在减弱）的全息图像，任何一方面都可以重建定义风格的人工制品合集。从这个角度来看，一批艺术藏品“不是一个个单独物品的集合，而是一件物品，只是其组成部分分散在不同地方而已”（盖尔，1998年：第167页）。盖尔的观点与放克女孩的观点不谋而合。正如笔者已经提到的，在舞会上，比创作者更重要的是整体风格，该风格由不同版本之间的内部关系界定。限定莫尔托姆弹力裤的是面料及其表面的设计。这些“有限维度表现了场域的可变性”（米勒，1987年：第128页），并定义了这种独特风格。

如果将莫尔托姆弹力裤与女孩们穿着的其他服装进行比较，我们会再次发现这种裤子更适合跳舞。女孩的讲述和身体话语清楚表明了这一点。女孩可能会穿的裙子类型基本上有两种：宽松的或紧身的，但总是短款。一种是“达琳”裙（Darlene），由轻薄的网眼面料制成，臀部周围紧紧束着带子，带子上挂着宽松的戈黛拼片荷叶边。[11] 另一种是常规的紧身迷你裙，通常看起来像牛仔裤，可能是由牛仔布、弹力牛仔布或莫尔托姆弹力面料制成。

弗拉维娅（Flávia）和她的朋友马辛哈（Marcinha）都不喜欢穿宽松的裙子跳舞，据她们说，因为总有“咸猪手”（stray hand）试图触碰她们的身体。例如，笔者前面说过艾琳穿着红色套装，也就是一条达琳裙和一件无袖短上衣，那天晚上有些男孩就一直停在她身后看她跳舞，弄得她很不开心。出于同样的原因，维拉（Vera）也为自己的审美辩护：“我自己并不喜欢（穿裙子跳舞）。我喜欢一边跳舞一边享受生活。你知道，如果我们把手放在膝盖上，身后的人就会看到我们的屁股。”

通常，裙子会使女孩过度暴露，尽管有些人可能并不在乎，甚至乐在其中，下文会对此加以论述。她们可能会穿纤巧的莱卡短裤来保护自己，就像莉维亚穿着白色抹胸裙的那个晚上所做的那样。达琳裙的优点是不会像紧身迷你裙那样紧贴身体，不会在跳舞时限制身体的动作。但是由于达琳裙会随着舞蹈动作上下摆动，所以穿达琳裙的人更易受到骚扰。而莫尔托姆弹力裤可以保护女孩。此外，紧身的迷你裙像普通的牛仔长裤一样，会约束腿部的运动。前者束缚大腿，后者束缚膝盖。因此，用牛仔布生产的短小热裤（shortinho）一度是舞会的典型服装，代表了女孩的品位和审美，但如今也已经过时了。

要进一步了解莫尔托姆弹力裤的价值，还必须考虑这种裤子与男性的关系。基本的松紧对比，或者视线所及衣服贴身与不贴身的区别，在不同的层次上皆有体现：女孩的高跟凉鞋、木屐与男孩的平底运动鞋形成对比；以弹性莱卡纱制成的合成纤维面料在女性服装中占主导地位，与男性的“天然”棉 T 恤形成对比；女孩“自然”的长发与男孩人为的短发风格形成对比。舞姿也有差异，这一重要的差异与聚会上表达的心态有关。男孩有嘲弄女孩的习惯，即使女孩的舞姿活力四射，他们也总是摆出专注和轻蔑的表情。

男孩女孩们试图通过穿衣获得舒适感，但他们的行为基于当地的价值观以及关于美和性别的观念。而且我们必须从身体的角度来理解松与紧的对立。有弹性的女性服装可以满足女性的运动需求，在给身体带来舒适感的同时，也进一步强调了某种特定身形。而支配男性服装的则是相反的逻辑。男孩穿衣也寻求舒适感，但由于身形纤细、棱角分明，他们会穿上宽大且无弹性的衣服来体现身体轮廓，以此获得舒适感。具有讽刺意味的是，正是男性服装打造了穿衣人的身形，而不是像媒体所认为的那样，是穿衣人的身形塑造了男性服装。

男孩中的第二种风格，也是少数派风格，是“肌肉型男孩”（*bombados*），他们上身肌肉发达，双腿精瘦。该风格的逻辑处于支配女孩和“瘦”男孩服装的两种逻辑的中间点，有助于对两者的说明。这些男孩的上身穿着非常紧的 T 恤，因此，正如伊曼纽尔告诉笔者的，他们即使稍微动一下手臂，也“已经展示了肌肉”，显示出魁梧的身材。通过这种方式，“肌肉型男孩”的审美呈现出与支配女性审美相似的动态。他们所穿的超宽松牛仔长裤在塑造新体型时掩盖了细瘦的腿，从这一点上看，与支配放克一族选择服装的理由相似（图 5-11）。

图 5-11 "肌肉型男孩"风格

成就舞会的诱惑行为

里约的放克舞会按性别划分，受诱惑行为控制。女孩和男孩时常相互挑衅，这几乎成了惯例，以至于有时候相互吸引的气氛最终形成了类似竞技场的环境，两个对抗性的团体彼此对立。派对上的诱惑行为通过性别对立来消解性别间的距离，让我们有机会详细阐释同性和异性的性别关系［斯特拉森（Strathern），2001 年］。

女孩们说，星期五是"包鼓鼓囊囊的日子"，因为她们离家去上班时包里会带着护发素、润肤露、除臭剂、香水和化妆品。傍晚，她们离开办公室后，就会直接去见男友、恋人或"临时男友"（ficantes）。临时男友的角色是短暂的，可能会演变成男友，也可能不会。而星期六晚上离家要尽可能少带东西。正如对莫尔托姆弹力裤的描述中所见，为放克舞会打扮时，女孩的衣服经常没有口袋。因此，她们可能会带上手机和口红，并塞一些钱在项链或胸罩里，或放在陪着她们的人的钱包中。在舞会上，重要的是空出双手来自由地跳舞。由于男朋友也可能会限制女孩在派对上的娱乐，所以某人的男朋友可能被称为手提箱（mala），即一种烦人且沉重的物体，让人无法空出双手。男孩们也表达了类似的想法。埃里克告诉笔者，在舞会上不能站着不动：你不能"停下脚步"（parar），要整夜“旋转”（rodando），这意味着他得一直周旋，因此无法只关注一个女孩。

周六晚上适合与同性朋友外出，无须异性陪伴。参加放克舞会并表达性别差异，这种机会将运动场变成了竞技场，对立团体之间会发生冲突。对于女孩来说，对抗的主要武器是人体美学。她们用自己的身体进行诱惑，测试自己对异性的吸引力。聚集的女孩越多，对男孩的影响就越大。[12]

利维亚是笔者在舞会上进行田野调查的主要谈话对象。一天晚上，她和她的朋友们组成了一个八个女孩的小团体。有几次，一群男孩围在他们周围，假装看着她们。正如预期的那样，女孩们假装没看到这群男孩，继续专心于自己的舞步。她们围成一个圆圈，有一段时间反复不停地做下蹲的动作，剧烈而疯狂地来回扭动臀部，几乎触及舞池地板，并且始终与歌曲的歌词相呼应。在这样的夜晚，她们因为自己“吸引了关注”（chamado atenção）尽兴而归。一个女孩也可以单独进行诱惑行为，目的单纯而简单，就是为了诱惑，以此感受自己对男孩的控制力。在另一个有趣的情况中，主人公是一个女孩，她和朋友们在面向舞池的看台台阶上跳舞。当她看到一个男孩从舞池向她走来看她跳舞时，她舞得更加性感。仍然在舞池中的男孩停在她面前，而在他上方的女孩则目不斜视，假装没看见他。这个男孩的朋友也来了，他把额头放在朋友的肩膀上，仿佛在哭泣。这个女孩一直在跳舞，似乎更在乎她舞蹈中挑衅的部分。直到这个女孩的朋友（好像是她的男朋友）走过来，才结束了这种情况。舞池中的男孩离开了，女孩和她的朋友们继续舞蹈着。

女性小火车和男性小火车的相遇让我们再次了解了构成派对的社交性（斯特拉森，1991 年），同时涉及冲突和联系。笔者和女孩们一起体验舞会时就观察到了这一点，并且乐在其中。这种情况很可能被归类为表演，并充分衡量了男女之间建立的关系，包括诱惑、挑衅、打趣和轻蔑。

两个男生领导着一队男性小火车。他们选择了一个女孩，停在她的面前，身体奇怪的舞动着，好像要吓唬她。但很明显，他们只是想玩一玩。他们脸上的表情告诉我们，这肯定是个玩笑。两个男孩都弯曲一只胳膊，将手放在自己的肩膀上。保持这种姿势，他们将手臂靠近眼睛，就好像手臂是一种器具（像是望远镜或者枪，手肘就是瞄准器），可以用来观察女孩身体的特定部位。他们就这样“拍摄”这个女孩。再往前走，他们遇上了一队女孩的小火车，于是停在前面，两腿张开，伸展手臂上下舞动，阻止女孩的小火车通过。他们形成了一个有四臂四脚的恐怖生物。而女孩们继续跳舞，根本就没有看这些男孩一眼。她们继续着圆滑的舞步，轻柔地摇摆着臀部，无视那些挑衅的男孩。她们目视前方，没有显示出任何不适或喜悦的表情。女孩的小火车继续前行，停在一群肌肉型男孩面前。这群男孩舞姿性感，很明显在展示自己的身体。姑娘们一致发出了的“唔”的声音表示赞赏，然后继续前进。她们看到了另一群男孩，假装没看到，从他们中间穿了过去，而这些男孩大部分时候都在小心翼翼地触碰着女孩们的头发、手臂和腰部。现在该是调情或者委婉拒绝约会邀请的时候了。

男性和女性审美观形成的强烈反差体现了放克社交中的竞争和诱惑。莫尔托姆弹力裤概括了女性着装中的重要特征，涉及肉体的方方面面，并且也融入了人格观念。这种裤子展示了性别与支配舞会的诱惑气氛之间的关系，因为从身体的角度来看，在放克舞蹈中，只有男女之分（图 5-12~ 图 5-14）。

图 5-12　放克舞会装扮（1）

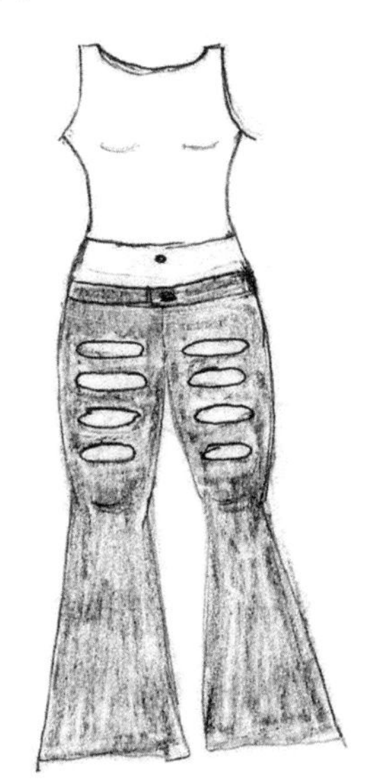

图 5-13　放克舞会装扮（2）

图 5-14　放克舞会装扮（3）

结论

作为总结，笔者想对自己刚刚完成的民族志研究的某些方面进行详细说明。首先，回到曾简要提过的女性服装上。在舞会上一度很流行的热裤成为一个时代的经典，那时，女孩们的审美选择非常有限。20 世纪 90 年代甚至有过一个热裤舞会（Baile do Shortinho），正如舞会的名称所示，女孩们受邀穿上热裤。放克舞会中有了莫尔托姆弹力裤，巴西大众阶级的物质文化消费选择随之增加。从不同的角度来看，市场开始认识到大众阶级的需求和消费对其全球收入可能产生的影响。莫尔托姆弹力裤代表着工人阶级自我主张的时代，再次聚焦女式放克服装可以更好地理解这一特征。

女装的构成揭示了女装在形式上的核心问题。正如莉维亚的堂妹保拉（Paola）所说："一定会有相匹配的东西。"格尔兹（1983 年）指出，在这种"大众审美"中也包含有女装及其形式要素的内在一致性，而一直以来，现代艺术都试图把这种内在一致性转变为现代艺术的独特足迹。

笔者第一次遇到漂亮的 18 岁混血儿雪莉（Shirley）的那个晚上，她穿着一款模仿蓝色牛仔裤面料的染色水洗"莫尔托姆弹力裤"，裤子上布满了花朵装饰。这些花朵由面料上的小孔组成，"孔眼"饰有稀疏的水钻。雪莉的露肩上衣很紧，由莱卡和聚酰胺网眼面料制成，呈酸绿色，项链附近和衣服的下部印有白色的小波点。她还系了一条白色腰带，腰带上有一个由银色金属制成的心形搭扣，上面涂有白色和绿色。脚上穿着白色坡跟凉鞋，一只手上戴着戒指和几条手链，颜色与其他衣服上的绿色调相同。黑头发上戴着的帽子上面也有绿色和白色，呈发辫状延伸扩大。作为点睛之笔，她用了绿色的眼影来衬托眼睛。

笔者还可以举出更多的例子来描述影响放克服装搭配的同一个模式，但是更想指出的是，莫尔托姆弹力裤的巴洛克风格和整体造型的形式都与"必需品审美趣味"相抵触（布迪厄，1984 年）。一般而言，"必需品审美趣味"倾向使工人阶级选择建立"务实的功能主义'美学'"（布迪厄，1984 年：第 376 页）。根据布迪厄的说法，审美趣味是"出于必要而产生的美德”（布迪厄，1984 年：第 177 页），而下层阶级的成员则因缺乏审美而受到指责（布迪厄，1984 年：第 178 页），因为他们的审美既受限于预算的不足，也受限于没有能力进行自主审美选择，所以只能仿效由上层阶级确定的潮流趋势，一直处于模仿过程之中。

但里约热内卢的放克舞会上所产生的审美与布迪厄所描述的倾向不同，无论是形式上还是产生地点上，都表明了放克美学形态中的一种相对自主性，不受霸权审美的影响。

莫斯（Mauss，1979 年）提出“身体技巧”观念之后，里约精英阶层创作了大量讨论肉体性的文献，声称身体外观的同质化 [玛莉丝（Malysse），2002 年] 或者“文明化过程”[埃利阿斯（Elias），1978 年] 都决定着“物质时尚”的传播 [戈登堡（Goldenberg）和席尔瓦•拉莫斯（Silva Ramos），2002 年]。在放克舞会中，女性服装作为“第二层皮肤”的出现似乎与里约热内卢乃至巴西更广泛的审美趣味更相符。然而，总是穿着紧身衣服的或丰腴、或瘦弱、或肥胖女孩的存在，似乎表明身体与个人之间的联系与在里约精英阶层中所观察到的联系完全不同。

舞会中的美学选择所遵循的结构性审美趣味自形成以来就一直引领着放克舞会中的着装和肉体性。尽管在物质文化方面的贡献有限，但舞会上的姑娘们总是喜欢紧身的衣服，喜欢露出腹部和臀部，这与维罗妮卡（Veronica，20 世纪 90 年代经常参加这种派对的一位女性）跟笔者讲述的一样，先前的记录也证明了这一点 [戈登堡，1994 年；维安娜（Vianna），1988 年]。

正如笔者之前所阐述的（米斯拉伊，2003 年），这里所关注的风格的挪用与巴西文化的动态是相容的。这种风格的挪用并不符合涓滴效应（trickle-down effect）[西美尔（Simmel），1957 年]，而是将该逻辑颠倒过来，有一种向上渗透的轨迹，将巴西的流行文化表达转变为民族身份的象征 [弗赖伊（Fry），1982 年；维安娜，1999 年]。除此之外，通过新巴洛克式的美学，女孩们用视觉形式表达她们不想被置于物品短缺和存在感缺失的物化境地。相反，莫尔托姆弹力裤的视觉效果及美学主张表明，如果要得到认可，就应该符合她们自己的审美。由此，莫尔托姆弹力裤可以被看作是巴西大众阶级在整个巴西经济中所获得的新地位的代表。⑬

但是，莫尔托姆弹力裤不仅仅代表了放克派对的女孩，或者放克舞会上的诱惑和欲望氛围，它们还有效地体现了诱惑和挑衅的力量。就像女孩们说的那样，它们是“引人注目的”（*chama atenção*）莫尔托姆弹力裤，“不管到哪儿都会引人注意”。她们在谈起穿上莫尔托姆弹力裤引起的轰动效应时，或者平常说起吸引目光和激起兴趣的事物时，都会用到这些表达。这就是全部——身体、衣服和舞蹈——在运动中产生美好的效果。

从与本书其他文章的比较中可以明显看出，物质性、肉体性和人格性之间构建的联系具有地方性特征。埃格讨论的柏林男人，不管是肌肉型还是骨感型，都穿相同的“萝卜型”牛仔裤。这意味着在他的案例中，身材的相关性较弱，且物质性和肉体性之间不存在对话关系。相比之下，对于萨萨特利（在本书中）分析的意大利女性消费者来说，完美的牛仔裤可以“隐藏一些……曲线并弱化臀部”。就放克舞会而言，男孩根据自己的体形特征来选择款式，而女孩选择的服装则能够外化并增强其身体的性感。这就是为什么本文着重于肉体性和人格性的问题，因为这综合了服装和身体两者的物质性。在现代巴西语境中，正如拉格鲁（Lagrou）（1998 年，2007 年，2009 年）为亚马逊流域的卡西纳瓦人（Cashinahua people）所展示的那样，在处理艺术和美学问题时，对象、身体和人格之间的联系无法避免。

在结束本文之前，我想强调最后一个方面。在“女装的风格化标志”部分的开头，笔者把与风格的物质性相关的内容分为两个方面，考虑其与该风格意义的相关性。那时，笔者主要阐述了面料的弹性。现在，笔者想谈谈另一个个方面，即模仿牛仔布的外观并发挥其象征意义的可能性。这种风格中最有价值的款式是用面料模仿牛仔裤外观的那类，这说明了时尚感对年轻人的重要性，也说明了外表很能说明身份，就如米勒为特立尼达人（Trinidadians）所展示的那样（米勒，1994 年 b）。我们一直在分析的风格源于地方与全球的对话，创造了只有在里约热内卢才能出现的美学。莫尔托姆弹力裤的物质性与特定的生产语境相关联，这证明了文化逻辑中使用了物品的内在价值这一观念[麦克拉肯(McCracken),1988年]。该观念是放克语境的地方性标志[阿帕杜莱（Appadurai），1996年]，是与全球审美趣味相遇时放克的肉体性所赋予的，世界上各种文化中牛仔裤的无处不在也表达了该观念，而本书中各篇文章的内容也都坚持该观念。正是面料的物质性让地方和全球的逻辑相互融合。

对此种风格被高中产阶级和名流挪用的表达出现了分歧，如果说媒体话语将这些莫尔托姆弹力裤成功的原因简单解释为它们有塑造身材的效果——勾勒臀部，那么，相比之下，草根阶层的言论则认为这种裤子并没有这样的作用。莫尔托姆弹力裤是多种元素融合的产物，而里约放克舞会上的女孩是最原始的创作者。如果不是因为这些女孩对这种风格的挪用和消费，莫尔托姆弹力裤这一发明将永远不会得到回应或被复制。有人认为这种裤子模仿的是牛仔裤，因此女孩们受到了霸权审美趣味的启发，但她们也证实了通过模仿行为来巩固身份并产生差异的可能性[陶西格（Taussig），1993年]。正如笔者所论证的那样（米斯拉伊，2009年），把牛仔裤作为女孩们独特美学的元素，这再一次表述了放克文化得以产生的包容性方式以及放克文化的创造者掌控表现形式的能力。对新事物和变化的渴望确保了年轻的“放克一族”总是会吸收和创造新的趋势（图5-15）。

图5-15　放克一族

注释

① 本文中使用的所有照片和图纸由作者本人提供。

② 这种节奏已广为流传，成为里约热内卢饶舌音乐的象征之一。在巴西，你可以在任何地方跳放克舞蹈——在热门课程的上课地点、价格高昂的夜总会、中产阶级的音乐厅。你也可以在欧洲跳放克舞蹈。

③ 参见 2002 年 2 月的美国版《世界时装之苑》（*Elle America*）。

④ 实际上，放克舞会不一定与皮涅伊罗 - 马沙多的章节中所讨论的那一类参与者有关。

⑤ 本地的“莫尔托姆弹力裤”与放克舞会上不同层次的牛仔裤品牌同时存在，我在其他地方已经讨论过这一点（米斯拉伊，2006 年 a）。在本文中，我认为“巴西牛仔裤”“帮派牛仔裤”和“莫尔托姆弹力裤”这三个类别同样值得分析，它们的使用反映了社会环境的差异。它们还体现了物品在流通中得以再表达的过程，因为物品的含义在发展过程中不断变化，反映出放克舞会内部和外部在制造、消费和模糊性方面的差异（米斯拉伊，待出版）。

⑥ 在本报告中，我主要阐述我的硕士学位论文的研究结果（米斯拉伊，2006 年 b）。在该论文中，讨论了女性服装和男性服装的含义。2004 年 7 月至 2005 年 11 月，我在一家放克舞会进行了田野调查。我一直跟一群女孩和男孩在一起，跟他们一起从家里去参加派对，去他们的办公室拜访，陪他们去商店购买衣服和配饰。虽然他们一起工作并一起去夜店，但他们生活在不同地方的贫民窟。另外，我的博士学位论文建立在解构的基础上，这种解构得以实现的原因是里约热内卢社会界限的流动性以及诸如个人和社会之类的具体类别的流动性。论文还将相同的身体美学与音乐的创造性和艺术的联接性相关联，以此充分利用放克卡里奥卡这一更广泛文化背景的产物。城市中不同的社会群体和地理区域造就了这种更广泛的文化背景。第二项田野调查是在 2007 年 5 月至 2008 年 12 月通过网络与放克卡里奥卡艺术家卡特拉（Catra）先生取得联系完成的。

⑦ 卡瓦尔坎蒂（Cavalcanti，2006 年）在阐述里约热内卢的狂欢节时指出，这种奇观与节日不同，在前者中，观众与艺术家是分开的，而在后者中，两者是融合的。实际上，在我研究过的舞会上，由于专业舞者和业余舞者之间脆弱的界限常常消融，因此这两个概念会融合在一起。我在硕士论文中详细论述了可以让我将聚会当作奇观谈论的方面，以及可以从节日的角度进行分析的方面。

⑧《凌晨一点》（*Uma Hora*），由 M.C. 弗兰克（M.C.Frank）创作。

⑨ 有关男孩的审美和他们了解女性的策略的详尽分析，请参见米斯拉伊（2007 年）。

⑩ 媒体报道将裤子的这一特征描述为"臀部"的奇迹罩（Wondrebra）。

⑪ 本地类别"达琳裙"是根据当时著名的巴西肥皂剧中一位女性角色的名字设计的。

⑫ 另一方面，男孩表现自己力量的方式更为直接，主要是通过穿某些品牌的服装。这些服装使男孩和服装两者都与女孩们产生了联系，也与他们的主要竞争对手——"花花公子"、受过教育的中产阶级年轻男性等产生了联系。男性"放克一族"在这种双重他异性的对抗中会用到品牌服装（米斯拉伊，2007 年）。

⑬ 这种地位和影响力的变化伴随着对大众阶级在巴西经济消费领域中扮演的角色及地位的研究 [巴罗斯（Barros），2007 年；阿尔梅达（Almeida），2003 年]。

参考文献

[1] Almeida, H.B. de.(2003), *Telenovela, consumo e gênero:'muitas mais coisas'*, São Paulo: Edusc.

[2] Appadurai, A.(1996), 'The Production of Locality', in Appardurai, A.(ed.), *Modernity at Large: Cultural Dimensions of Globalization*, Minneapolis, MN: University of Minnesota Press, pp. 178–199.

[3] Barros, C.(2007), *Trocas, hierarquias e mediação: as dimensões culturais*

do consumo em um grupo de empregadas domésticas. Tese de Doutorado apresentada ao Programa do Instituto de Pós-Graduação e Pesquisa em Administração, COPPEAD, da Universidade Federal do Rio de Janeiro.

[4] Bourdieu, P.(1984), *Distinction*, London: Routledge & Kegan Paul.

[5] Cavalcanti, M.L. Viveiros de Castro (2006)[1994], *Carnaval carioca: dos bastidores ao desfile*, Rio de Janeiro: Editora UFRJ.

[6] Douglas, M. and Isherwood, B.(1979), *The World of Goods*, London: Routledge.

[7] Ege, M. 'Picaldi Jeans and the Figuration of Working-class Male Youth Identities in Berlin: An Ethnographic Account', in D. Miller and S. Woodward, *The Global Denim Project Book*, London: Berg.

[8] Elias, N.(1978), *The Civilizing Process*, Translated from the German by Edmund Jephcott (Vol. 1): 'The History of Manners', Oxford: Blackwell.

[9] Fry, P.(1982), *Para Inglês Ver: Identidade e Politica na Cultura Brasileira*, Rio de Janeiro. Zahar.

[10] Geertz, C.(1983), 'Art as Cultural System', in C. Geertz (ed.), *Local Knowledge: Further Essays in Interpretive Anthropology*, New York: Basic Books.

[11] Gell, A.(1998), *Art and Agency*, Oxford: Oxford University Press.

[12] Goldenberg, M. and Ramos, M.S.(2002), 'A civilização das formas: O corpo como valor', in Goldenberg, M.(ed.), *Nu e vestido*, Rio de Janeiro: Record.

[13] Lagrou, E.(1998), '*Caminhos, duplos e corpos: uma abordagem perspectiva da identidade e alteridade entre os Kaxinauá*', PhD dissertation, University of St Andrews, St Andrews, Scotland.

[14] Lagrou, E.(2007), *A fluidez da forma: arte, alteridade e agência em uma sociedade amazônica*, Rio de Janeiro: Topbooks.

[15] Lagrou, E.(2009), 'Lines, Doubles and Skin: Mediations between the Visible and the Invisible among the Cachinahua', in C. Alès and M. Harris (eds), *Image, Performance and Representation in South American Shamanic Societies*, Oxford: Berghahn Books.

[16] Latour, B.(1994), *Jamais fomos modernos*, São Paulo: Editora 34.

[17] Latour, B.(2005), *Reassembling the Social*, Oxford: Oxford University Press.

[18] Lévi–Strauss, C.(1963), *Structural Anthropology*, New York: Basic Books.

[19] Lévi–Strauss, C.(1966), *The Savage Mind*, London: Weidenfeld & Nicolson.

[20] Malysse, S.(2002), ‘Em busca dos (H)alteres–ego: Olhares franceses nos bastidores da corpolatria carioca’, in M. Goldenberg, M.(ed.), *Nu e vestido*. Rio de Janeiro: Record.

[21] Mauss, M.(1979), ‘Body Techniques Essay’, in Mauss, M., *Sociology and Psychology*, translated by Ben Brewster, London: Routledge & Kegan Paul.

[22] McCracken, G.(1988), *Culture and Consumption*, Bloomington, IN: Indiana University Press.

[23] Miller, D.(1987), *Material Culture and Mass Consumption*, Oxford: Basil Blackwell.

[24] Miller, D.(1994a), ‘Artifacts and the Meaning of Things’, in T. Ingold (ed.), *Companion Encyclopedia of Anthropology*, London: Routledge, pp. 396–419.

[25] Miller, D.(1994b), *Modernity: An Ethnographic Approach*, Oxford: Berg.

[26] Miller, D. and Woodward, S.(2007), ‘Manifesto for a Study of Denim’, in *Social Anthropology*, 15(3): 335–351.

[27] Mizrahi, M.(2003), A influência dos subúrbios na moda da Zona Sul [The influence of the outskirts on the southern area], monograph (Pesquisa coordenada para a Universidade Estácio de Sá), Rio de Janeiro.

[28] Mizrahi, M.(2006a), ‘Figurino Funk: uma etnografia dos elementos estéticos de uma festa carioca’, in D. Leitão, D. Lima and R. Pinheiro–Machado, *Antropologia e Consumo: diálogos entre Brasil e Argentina*, Porto Alegre: AGE.

[29] Mizrahi, M.(2006b),’ Figurino funk: uma etnografia sobre roupa, corpo e dança em uma festa carioca’, Rio de Janeiro: Dissertação de Mestrado em Antropologia Cultural, PPGSA/IFCS/UFRJ.

[30] Mizrahi, M.(2007), ‘Indumentária funk: a confrontação da alteridade

colocando em diálogo o local e o cosmopolita', *Horizontes Antropológicos*, Porto Alegre, ano 13, n. 28.

[31] Mizrahi, M.(2009), '*De agora em diante é só cultura*: Mr Catra e as desestabilizadoras imagens e contra–imagens Funk', in M.A. Gonçalves and S. Head.(eds), *Devires imagéticos: a etnografia, o outro e suas imagens*, Rio de Janeiro: 7 Letras.

[32] Mizrahi, M.(in press), Revision of 'A influência dos subúrbios na moda da Zona Sul' [The influence of the outskirts on the southern area], Monograph, Universidade Estácio de Sá.

[33] Sahlins, M.(1976), *Culture and practical reason*. Chicago, London: University of Chicago Press.

[34] Simmel, G.(1957)[1904], 'Fashion', *American Journal of Sociology*, 5 lxii (6): 541–558.

[35] Strathern, M.(1991), *Partial Connections*, Lanham: Altamira Press.

[36] Strathern, M.(2001), 'Same–sex and Cross–sex Relations', in T. Gregor and D. Tuzin (eds), *Gender in Amazonia and Melanesia: An Exploration of the Comparative Method*, Berkeley: University of California Press.

[37] Taussig, M.(1993), *Mymesis and Alterity: A Particular History of the Senses*, London: Routledge.

[38] Vianna, H.(1988), *O mundo* funk *carioca*. Rio de Janeiro: Jorge Zahar Editor.

[39] Vianna, H.(1999), *The Mystery of Samba: Popular Music and National Identity in Brazil*, Chapel Hill, NC: University of North Carolina Press.

—6—

靛蓝的身体：米兰的时尚、照镜行为和性别认同

罗伯塔·萨萨泰利

性是体现亲密关系的领域，具有特别强烈的情感纽带。所有文化中都有需要处理的性问题，但处理方式显然各不相同。身体的性别化可以通过美容、锻炼、身体装饰和服装等社会行为来完成。[恩特威斯尔（Entwistle），2000年；吉约曼（Guillaumin），2006年；华康德（Waquant），1995年]。这种性化总是发生在更为普遍的文化意象背景下，个人可能会顺从这种文化意象，也可能不会。在当代西方社会中，许多人注意到不仅性化空间（酒吧、俱乐部、体育馆等）不断涌现[格林（Green），2008年]，日常生活中性化的身体形象亦是如此。其原因是多方面的，最主要的是商业形象[博尔多（Bordo），1993年；韦尼克（Wernick），1991年]和流行媒体，包括男女时尚杂志[弗里思（Frith）等，2005年；冈特利特（Gauntlet），2002年]。这种情况越来越多地引起关于诱惑和情色的幻想，而服装则有效地表明了性别化的主观性。性化服饰不仅包括那些已然成为时尚和迷恋物（fetish）的重头戏商品，例如，紧身胸衣、蕾丝、细高跟鞋、皮草[斯蒂尔（Steele），1996年]，也包括相当平凡的日常用品，如牛仔裤。在意大利所有日常服饰中，牛仔裤的性化最为明显，尤其是在其营销范围扩大到女性时。早在20世纪70年代初，意大利时装界就明确了女性、牛仔裤与性之间的联系，并通过许多背影照着重凸显了紧身牛仔裤对女性身材曲线的“美化”[菲奥伦蒂尼（Fiorentini），2005年；沃利（Volli），1991年]。奥利维耶罗·托斯卡尼（Oliviero Toscani）为意大利品牌耶稣牛仔裤（Jesus

Jeans）策划的宣传活动（1973 年）中，最具代表性的是一张被牛仔短裤包裹着的女性臀部的照片，表达了挑逗性的说法——“爱我就跟我走”（who loves me，follows me）。这场宣传活动强有力地展示了迷恋物元素一直以来如何与牛仔面料和牛仔裤相互关联（这些元素将生理性别的参照物投射到整个自我形象之上）。从那时起，身穿紧身牛仔裤和高跟鞋的婀娜多姿的女性形象就成为了女性魅力的典型：没有什么比女性的臀部“被牛仔裤包裹着”更性感。瓦斯科·罗西（Vasco Rossi）在最近流行的摇滚歌曲《一起玩吧》（*Play with Me* 2007 年）中唱到：“那条牛仔裤你穿了多久 / 你不只穿着它，你在控制它 / 看到你的动作 / 你知道我无法抗拒。”这首歌曲的视频是恋物主义（fetishism）的顶峰，视频中的女人被牛仔裤包裹的臀部象征着她时尚、性感的自我。

在本篇中，笔者会从实践出发探讨牛仔裤在日常生活中对身体的性别化方式。尽管被认为是性感的潜在代名词，牛仔裤仍然是几乎随处可见的普通服装，在日常生活中具有多种用途。牛仔裤会受到时尚动态的影响，但的确也是时尚界的重要组成部分，因而为探讨性化提供了绝佳的场所，既要探讨其作为普通行为而出现在一般日常生活中的性化，也要探讨在特殊场合中出现或者以无数美化了的象征形式而出现的性化。首先，我将讨论牛仔裤与时尚的关系如何从更普遍的意义上阐释其呈现的主观性和个性之间的联系。正如斯蒂尔所论证的那样（1996 年：第 4 页），时尚是一种“与性表达有关的符号系统，包括性行为（包括性吸引）和性别认同。”考虑到时尚系统从恋物主义和性别亚文化中窃取灵感的方式，笔者并没有采用符号学的方法，而是通过牛仔裤这类独特的服装来探讨如何解决性表达（吸引力和性别）的问题——毕竟在日常时装的现实中，牛仔裤占据了特殊地位。换言之，本篇一开始会如实报告牛仔裤等普通物品的有意义的常规使用，审视联系身份、形象化身和性三者的意义链。若受访对象进行了性别定义的“照镜行为”（mirror work），并根据美和性的标准典范来确定对自己身体的认知，此时，牛仔服的中介作用就得以显现。正如本篇想说的，牛仔裤能给人以“合身”的感觉，既表达了服帖感和舒适感，又体现了适应性和真实性。要让人觉得性感，合身的感觉至关紧要——这是通过性化后的诱惑概念清楚表达出来的。而证据来自对米兰年轻人的民族志访谈[①]。在他们的家中，特别是在卧室里访谈，可以观察到他们的全部衣物，由此更利于讨论有关形象化身和视觉的问题。

作为超级时尚和个性表达的牛仔裤

弗朗西斯卡（Francesca）是一名25岁左右的刚毕业的时髦女生。谈起她的衣服，她表示，虽然这些衣服对她都很“重要”，但“牛仔裤和其他衣服放在一起时——在乱糟糟的衣服堆里——我永远知道它们的位置，因为我最常拿的就是牛仔裤了”。这几句话暗示了普通又特别的牛仔裤在年轻人着装方面占据的特殊地位。这在一定程度上反映了参加本次研究的米兰青年已经考虑到了牛仔裤与时尚之间独特而紧张的辩证关系：牛仔裤既是时尚的，又是反时尚的，而且在某种程度上超越了时尚。正如一位受访者所言：“丹宁风永不过时，而牛仔裤也一直紧跟时尚，随当下潮流调整裤型和款式”（访谈7）。

从大多数受访者很快就意识到时尚动态塑造了牛仔裤。近年来，紧身牛仔裤已成为一种时尚：“最新流行趋势”被认为是“脚踝处非常紧绷”“腰部略低且紧绷”“不用出挑的颜色，但贴合整个腿部”“非常紧身，可以勾勒从臀部、大腿、小腿，直至脚踝的曲线。”牛仔裤由此被定义为“爆款”，适合出席特殊场合时穿（如派对或外出就餐）。尽管牛仔裤符合当前的流行趋势，但大多数受访者也都很清楚，要确定牛仔裤的时尚地位非常困难。受访者最常见的回答是：牛仔裤总是“在变，但一直很流行”。牛仔裤改变的相同之处在于其细节变化，以及同时存在的多种流行装饰或款式。弗拉维娅（访谈23）是一名25岁左右的医疗技术员，和男友住在市中心小公寓里，她认为：“牛仔裤的时尚趋势变化非常快，所以在我的衣柜里有喇叭牛仔裤和紧身牛仔裤，两种都曾非常流行，也许现在仍然如此。”26岁的电台记者伊凡（Ivan）（访谈29）表示：“时髦的牛仔裤必须与众不同、富于创新。但这没有固定的规则：某些细节可能会变化，但最终它们还是牛仔裤。”

因此，牛仔裤在我所说的“服装身份符号空间”（clothing-identity symbolic space，图 6-1）中占据特定位置：符合高度的个性表达，一方面与时尚和反时尚相悖，另一方面与常态和反常态相悖。

进一步来说，牛仔服的“紧跟时尚”，始终与“个人风格”或“个人品味”密不可分。言下之意，无论紧跟何种具体趋势，都是人们“特别喜欢的”或者“一直喜爱的”。当然，我们也可以把这一点看作是商品语义的另一个伪个性化典型 [鲍德里亚（Baudrillard），1998 年]，并不值一提。不过，受访者正是根据个性把牛仔裤与其他服装对立起来，强调服装所承载的形象化身和记忆沉淀，并将这一点视为牛仔裤的特定品质。因此，牛仔裤一定是一个人个性的标志——或者像 25 岁的学生克里斯（Chris，访谈 36）所说的那样，牛仔裤需要让穿着者感受到“我”与时尚的辩证关系，“我将自己视为一个个体，靠穿搭来凸显个性。”为了强调这一点，在许多情况下，人们可能不会购买最新潮的牛仔裤。牛仔裤“充分表达了一种叛逆欲望”，恰恰是因为牛仔裤穿得越频繁，就与本人越契合：“牛仔裤像生活一样历久弥坚，桀骜不驯；穿上牛仔裤你坐哪儿都行，可以坐在地上，或者坐在任何地方；你也可以把牛仔裤扔到任何地方，不必担心，它们只会与你越发契合”（访谈 15，一位 26 岁的研究生女店员）。叛逆并没有被视为反常，即想要为不同而不同。蓝色代表自由，这令人想起 1968 年的反主流文化（counterculture，沃利，1991 年），蓝色牛仔裤体现了随意休闲，是人们本身对常态的特殊表述，其本身被认为是“舒适的”“多用途的”。男性会格外希望牛仔裤保持“反潮流”，即使人们普遍认为牛仔裤无处不

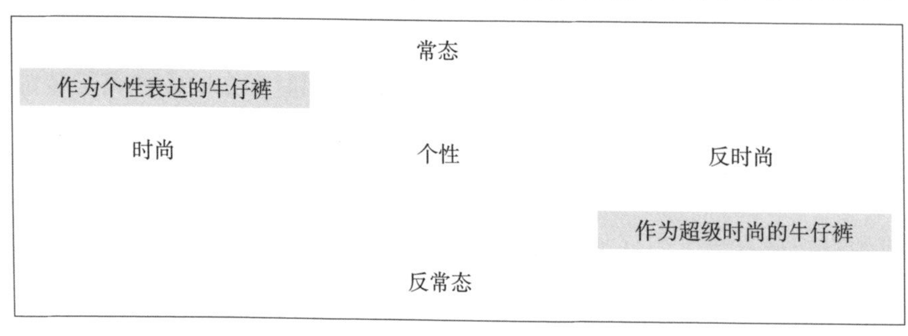

图 6-1　服装身份符号空间

在且价格合理。因此，一些人说宁愿要更“普通的”牛仔裤，无须考虑花哨的时尚。他们强调自己更喜欢的牛仔裤一点都不“与众不同”，以至于在某种程度上由此彰显了个性。人们最喜爱的牛仔裤常常“不会不起眼，但是也不会太抢眼 [……] 它们不会哗众取宠，而是简简单单，平凡而不平庸”（访谈 11）。以下是更多现场访谈的摘录：

时尚或品牌对我的选择影响不大。现在，我穿着的牛仔裤本身不那么抢眼，但却表达了我的叛逆欲望，也由此描述了我与时尚的一点关系。我更多地将它看作是为我而生的，而不是为了迎合他人的目光。牛仔裤表达出摆脱时尚逻辑的意愿，根据这种逻辑，我们必须以相应的方式对待其他人。

（访谈 23，25 岁左右的女文书工作人员）

考虑到我购买牛仔裤的地点及数量，我认为我买的这些牛仔裤就是时髦的牛仔裤，你看这些缝线缝得真好。正如我说的那样，我听 20 世纪 70 年代的音乐，理论上来说，20 世纪 70 年代的衣服现在看来并不时髦。但是你可以说这些牛仔裤是 20 世纪 70 年代款式的现代版。尽管我真的很喜欢这些牛仔裤，但它们曾经很时髦这个事实还是降低了一点我对它们的偏爱……“牛仔裤”从本质上讲，需要保持一点个人风格，以对抗潮流。

（访谈 32，快 30 岁的男学生）

总体而言，牛仔裤并非仅仅反映了最新款式，相反，它们被认为是永不过时的：

牛仔裤总是很时髦，我认为牛仔裤永远不会过时。要知道，只要牛仔裤是基本的经典款，就是永恒的，因为现下我就有喇叭牛仔裤、窄版牛仔裤、褪色牛仔裤或做旧牛仔裤……也许它们确实与特定时期相对应：如“帕尼纳利”（paninari，20 世纪 80 年代意大利北部的一种时髦青年文化）……是的，这些牛仔裤很独特，肯定早晚会再次流行起来，所以我们不应该扔掉它们。牛仔裤越经典，就越适应各种情况和时代。

（访谈 20，25 岁左右的女大学生）

牛仔裤与时尚动态似乎息息相关，但最终超越了时尚动态，[②] 因此，可以说牛仔裤是超级时尚。米兰的年轻人非常了解流行的剪裁、装饰、着色和漂色，正如他们熟知各种品牌一样。人们普遍认为，无品牌牛仔裤或营销较少的品牌更为个性化，而营销较多的“时髦”品牌则带有一些更明确的内涵，这些内涵有可能会成为流行语。[③] 大多数人意识到，某种服装剪裁、颜色或装饰能让他们与某个群体产生联系，对想象中品味相似的群体产生归属感，据说这是所有服装的特征。一位不得不与“朋克风的朋友”一起出门的受访者认为，“穿着宽松的牛仔裤”感觉更舒服。另一位受访者则说，如果“我要和男朋友出去吃饭，我会穿更时髦的牛仔裤”，甚至还说“更性感的低腰牛仔裤一定会完美契合派对之夜。”但是，这种感觉又一次由于对自己个性的坚持和对身材的自我感知而有所淡化。

大多数情况下，人们最喜欢的牛仔裤是那些能更好地“代表”或“适合”自己的牛仔裤——不只“代表”或“适合”自己的身体，还“代表”或“适合”自己的生活经历。一名 25 岁左右的男性电工（访谈 28）表示：“真正重要的是它们适合我的风格，很适合我，仅此而已”。此外，一位 20 多岁的男大学生（访谈 35）指出，这是因为“没有什么能像牛仔裤一样让我感到轻松自在，就像它们在告诉人们我是谁，但并不是那么露骨，因为每个人都穿着牛仔裤……它们就是正好适合我，所以我会感到更加自信。”因为大部分季节都可以穿，且很少被丢弃，牛仔裤随着时间的流逝成为个人特性的表征：岁月的痕迹并没有作为归属感的标志留在牛仔裤表面（归属一个家庭、一个团体或一个帮派，参见麦克拉肯，1988 年；萨萨泰利，2007 年）；而牛仔面料上的印痕则体现了自己的独特性，并在此基础上产生了个性（individual patina）效果，映射出个人的生活经历和人际关系，这些通常与友情或爱情的私密领域有关，而非更公开的社会归属感。

在访谈中，我们请受访者展示一些新老照片，想看看受访者最喜欢的牛仔裤，请受访者回忆是在何时何地买的这条裤子，以及在哪些场合会穿这条裤子。此时，个性就成为这部分访谈的核心。所有人都指出了一条自己最喜欢的牛仔裤，他们通常在匆忙中买下这条裤子，但随后便真切感受到这条裤子“百分百完美”“简直为我而生”。所有人的最爱都在他们心中变得高度个人化：有过去，有现在，也有未来。受访者特别回忆了买牛仔裤时的场景，并详细说明了试穿时身体的感受。由于磨损，最喜欢的牛仔裤会经历一系列的变形和修改，却历久弥新。大多数情况下，那条牛仔裤会在经历无数次缝缝补补和一切可延长使用寿命的处理之后，才被穿到彻底“废掉”：

我穿这条牛仔裤的频率是如此之高，甚至把裤子臀部位置穿出了裂痕，所以我让母亲帮我补了起来，然后就继续穿了，有时候和裙子一起穿，那就更看不出缝补的痕迹了……但我一直在穿这条裤子，因为我非常喜欢它，它很完美。最后，这条裤子都被穿散架了，我不得不扔掉。

（访谈 22，25 岁左右的女学生）

这条牛仔裤被过度穿着，我穿太多太多次了。好吧，尽管它已经被穿破了，但我还是尝试继续穿它。最开始我把它当成做旧牛仔裤穿，后来我又尝试了祖母的经典补救办法——打补丁，但结果补的不太好看，最后它别的部位又出现了破损，我只好把它扔掉了。

（访谈 29，25 岁左右的男性售货员）

时间有效地帮助人们与自己最喜欢的那条牛仔裤建立深厚的情感联系，表现为“喜欢”或“沉迷于我的牛仔裤”。因此，即使这条牛仔裤破到不能再穿了，也很难想象要把它扔掉。无论如何，它在任何时候都被视为值得保存的纪念物品。一名 25 岁左右的技术员乔瓦尼（Giovanni，访谈 16）说道：“如果我最喜欢的牛仔裤穿坏了，扔掉的话我会很难过，因为我已经穿了很久。如果由于某种原因我不能再穿这条牛仔裤，也一定不会丢掉，坚决不丢！那样做我一定会很伤心！”同样，失去自己最喜欢的牛仔裤通常被形容为是令人痛苦的，以至于一个受访者表示他“真的会因此失去一小段人生！”

尽管一双旧拖鞋也可能备受喜爱，不会被扔掉，我们却不一定有勇气在公共场合穿它，但旧牛仔裤早已被大众所接受。与其他服装不同，斑驳的痕迹中凝结的时光以及牛仔裤表面重复使用的印记被认为是附加值。我们的受访者认识到服装产业广泛采用的特色做法，他们认同牛仔裤需要“有一定年头”，以至于可以机械化的做旧、标准化地仿制个人使用痕迹，甚至从商业角度赞颂个性化［瑞典努迪牛仔裤公司（Nudie）在其网站上明确表达了这一点。该网站是展示旧牛仔裤的画廊，讲述裤子主人的故事］（米勒和伍德沃德，2007 年）。大多数受访者表示，穿一段时间后，牛仔裤可能会变得“更好”、更“美观”。[④] 牛仔裤更“合身”了，因为它在视觉上巧妙地与身体贴合：

我有很多条带有破洞的牛仔裤，说实话，我可能会一直穿到它们彻底破碎为止，除非是破洞大到什么也遮不住的程度。我喜欢那条有些破洞的牛仔裤，它们甚至代表了一部分的我。

（访谈 21，20 多岁的女学生）

……一条旧牛仔裤会更有“韵味”，更能体现你的个性，而且不像某些经典男裤，旧牛仔裤穿在身上更好看。

（访谈 30，快 30 岁的男设计师）

这种个性化可以概括为舒适性和展示性两方面：前者是为了表现具体的体验，后者则是为了表现形象化的身份。最受喜爱的牛仔裤穿得越多会越合适，因为它能给人以放松的感觉。裤子的布料会变得更柔软，弯曲处和摩擦处变得更自然：裤子变柔软了，但保留了牛仔布“结实的质感”。一位受访者说，这种结实的质感“对身体有一定的支撑力。”一条破旧的牛仔裤也能“讲述关于它主人的故事”。它承载了主人的许多经历，补充了某种岁月和人生的深度，因而丰富了主人目前的身份。年轻人似乎特别重视这一点：牛仔裤代表了“我的一部分”“我的一段人生”“我的足迹”“我的青春”，“追随着”自己的“成长”，经历了品位和着装风格上的所有“自我改造”。正如 20 多岁的店员玛丽娜（Marina，访谈 10）提到的：“我没有主动做任何修改，但是它穿了有些年头。由于我踩到了它，裤腿后面撕裂了，所以不得不修补。你看，这是很淡的蓝色，但它确实成为了我的最爱……我现在更喜欢它们了。”20多岁的克劳迪奥（Claudio，访谈17）也表示，他最喜欢的旧牛仔裤“让我感受到我有过那样一段的生活。”

合身与塑造好身材：照镜行为及其他

为了说明牛仔裤的选择和使用原则，也为了刻画牛仔裤的特征，米兰的年轻人强调，比起其他衣服，牛仔裤更像“第二层皮肤”，既舒适又能保护身体，还能凸显身材。他们最喜欢的牛仔裤被视为唯一“适合”自我形象的裤子，同时也使人更好地“适应”周遭环境，并在理想的身体状态下展现最好的自我。

牛仔裤作为第二层皮肤的感觉是如何实现的？这需要包裹一部分身体，又要展现另一部分身体。牛仔裤在“隐藏不完美”方面表现出“出众”的能力，同时还可以“勾勒”身材并突出曲线。购买决定通常是在试穿了几条裤子之后做出的，这种包裹或展现的基本原理被看作购买决定的主要原则。女性普遍认可这一点，并在描述购买牛仔裤的经历时反复明确地表达了这一点。这一切都描绘了照镜子和身体映像的生动场面：

好吧，我当时说的是：“哇，这非常适合我”，最后如我所愿，“我的臀部看起来没那么宽了，曲线也更圆润了”……我看起来跟我想要的一样苗条，那条裤子给我留下了深刻的印象，令人眼前一亮。

（访谈4，25岁左右的女性公司创办人）

……我对自己说，好吧，它们挤出了我“爱的把手”（love handle，指腰间赘肉。——译者注），所以我用一些宽松的短款上衣掩盖了这个问题……因为这样大腿看起来更细，我就可以避免像平时穿其他裤子那样在腰间绑外套挡住臀部！

（访谈21，25岁左右的女学生）

穿着“对的牛仔裤”照镜子可能会带来极大的放松和自信——通常

会用以下的话来形容这种感觉，例如，“突然意识到自己的身材变好了”或者“终于成为了我想要的样子。”[5] 我们听说，最好的牛仔裤是一穿上就让人觉得达到自己最佳状态的那条，并且会随着时间的流逝增加一种个性表达的形式，进而得到重视。基于这种观点，一个 20 多岁、身材魁梧的学生（访谈 20）说道：“这很难解释，但是，如果我一定要想象自己处于身材最好的状态，自信而快乐，那么，我想到的就是自己穿着那条牛仔裤的样子。”照镜子时，最喜欢的牛仔裤留下的第一印象往往让人铭记于心，以至于会决定未来对镜子的使用和情感投入。

镜子里看自己是一种蕴涵丰富的做法。镜子并不是简单地反映自我，而是以一种特殊的视角反映自我。这种视角基于对主观性和完美身体的期望，以及关于我们打量自己的方式、时间、原因等更广泛的文化观念。所谓的“照镜行为”以某种方式激活了镜子（萨萨泰利，2010 年）。照镜行为是指主体必须进行的行为，目的在于以适合场景的方式使用镜子，适应其自我观念，并在揭示和隐藏身体细节的游戏中与自己心目中的理想身体和解。照镜子对自尊心也有很高的要求，即使是在卧室独处时，看着镜子里的自己也可能使人气馁。对于在家和在购物时试穿衣服来说，这都至关重要。正如我们的一位受访者所说的那样，照镜子时，自己最喜欢的牛仔裤起到了锚定自信的作用：“如果我心情不好，我会说‘这太丑了我的上帝！’但是在那种情况下，如果我穿着这条独特的牛仔裤，至少会感觉好一些”（访谈 29）。牛仔裤被认为是百搭的，且用途广泛，而最受喜爱的牛仔裤通常会凝聚这样的品质：正如一位受访者谈到他最喜欢的牛仔裤时所说的那样，“它是我的代表，因为我总是很随意，在任何情况下都自我感觉良好。而这条牛仔裤就像我一样，如果我想坐在地上也没问题，如果我在斯卡拉歌剧院（Scala，米兰的歌剧院）前面，想买一杯 8 欧元的咖啡，穿着这条牛仔裤进去我也不会感到羞耻”（访谈 1）。

这些故事暗示着最受喜爱的牛仔裤总是无所不能、灵活多变的。它可以充当工具，用来结束精英主义与平等主义之间的矛盾 [Davis（戴维斯），1989 年]，而他们在时尚语言中作为“俚语”的地位 [Lurie（卢里），1981] 也可以被解读为有目的的不拘小节。它们无所不能，因为许多受访者坚持认为牛仔裤可以塑造自己的身体形态："我穿着牛仔裤会变好看，这让我感觉很好，很自信。即便牛仔裤不一定是最合适的选择，也能满足你在任何场合对服装的需求"（访谈1）。[⑥] 我们不应该否认这类明显平淡乏味的言论，而应将其作为证据加以探讨，以此证明形象化身在穿搭实践中的作用。25岁左右的上班族弗拉维娅坚持认为（访谈6），"我已经知道那条牛仔裤非常适合我，我照镜子是为了看看如何进行搭配。"因此，牛仔裤的使用不仅减少了所谓更广阔、更多样化的服装市场中的选择复杂性，而且会以某种方式帮助人们直面镜子悖论，即如果你预期的形象与理想的自我形象相距太远，那么你可能会避免照镜子，但如果不照镜子，你就无法正确了解自己的风格，也就是与理想风格中和之后的风格。因此，牛仔裤起到"应对机制"的作用[高夫曼（Goffman），1967年]，有助于缓解身体焦虑（无节制、柔弱、松弛等），从而进行合适的穿搭。

讽刺的是，在某些情况下，牛仔裤已经物化为照镜行为的基础，程度很深，以至于镜子的实际用处也变得次要了。就像25岁左右的店员戴维德（Davide）所说（访谈3），"我碰巧看到了镜子里的自己，但是经过一段时间，我就开始习惯性地照镜子了。不管怎么说，你很清楚这些牛仔裤适合自己，所以就有自信了"。或者用卢克雷齐亚（Lucrezia）的话说（访谈12）：

有了牛仔裤，我就可以不照镜子了。这样很好，因为有时候你可能需要赶时间，但却根本不知道看到镜子中自己的穿着会感觉如何。不过，有了这条牛仔裤，我就可以专注于皮带之类的细节，因为其他部分的状态一定是不错的。

在这种情况下，牛仔裤不是满足时尚和风格要求的应对手段，而成为"认知捷径"："我可以不再问自己我看起来怎么样，是不是显得胖，因为我知道穿牛仔裤又舒服又能让我变得好看……牛仔裤让我活得更轻松"（访谈15）。

照镜行为的叙述也揭示了男性和女性理想形象之间的对比。女性趋向强调根植于"保护"或"安全"之类消极观念的领域。人们通常认为裤子可以提供安全感，特别是牛仔裤。尽管随着时间的推移牛仔裤会变得越来越柔软，但在保障安全感方面被认为是相对“强硬”的，这一点是基于牛仔裤的物质性：结实、坚韧、耐用、厚实、不透光。一种幽默点的说法是，“穿牛仔裤不像穿比基尼，它能给人安全感，我得说穿牛仔裤首先是一种保护”（访谈 20）。因此，这种消极因素避免了危险和恐惧，而从美学角度来看，与其他衣服相比，牛仔裤能够隐藏那些被认为“多余”的身体曲线，这个因素最能说明人们对牛仔裤的偏爱。理想的身材被认为是既苗条又婀娜的，因此瘦的感觉非常重要。可以通过两种方法表现瘦的感觉，首先是控制法——用紧身的设计“包住”“围住”“稍稍施压”，甚至“稍微挤一下”身体部位，例如，通常被认为太大的臀部和大腿。然后是遮蔽法——穿上宽松的裤子，增加腿下部的体积，以此调节身体比例。这两种情况都达到了“看起来比实际瘦”和“隐藏某些曲线并弱化臀部”的理想印象。

就男性而言，他们倾向强调的领域则具有积极的意义：他们选择牛仔裤并不太取决于是否能隐藏缺陷或减小体积，相反，他们更强调的是自己的身体，要增强力量感、魄力和体格。因此，快 30 岁的设计师马泰奥（Matteo，访谈 30）说，“我认为牛仔裤并不能掩盖任何瑕疵：我没有选择宽大的版型，而是选择了可以体现身体线条的紧身款，我不想隐藏身体的线条。”总体而言，虽然女性报告称喜欢“修身”牛仔裤，但男性所关心的恰恰相反，在他们的概念中，一条好牛仔裤要能凸显身材，而不是弱化或挤压身材。然而，在某种程度上，瘦是所有人共同追求的神话。脂肪肯定也不受男性欢迎，他们同样会感受到来自瘦文化的压力，也会为了达到理想体型而严格节食，有时还会因为穿上紧身牛仔裤炫耀自己的好身材而倍感愉悦。例如，25 岁左右的丹尼尔（Daniele，访谈 27），他喜欢凸显“修长腿部”的牛仔裤：“过去我很胖，现在很瘦，我想强调我付出了很多牺牲才达成的目标。”不过，通常来说，强壮的肌肉型身材，也就是“壮而不胖”，是男性自豪感的源泉之一。正如快 30 岁的大学生佛朗哥（Franco，访谈 32）所说的那样：“我很高兴拥有肌肉发达的大腿，我喜欢别人注意到我的腿，而且这件事甚至影响了我（购买牛仔裤）70%的决定。”通常，对于异性恋男性来说，理想的牛仔裤要合身，避免太紧（否则会很尴尬），挺括但又舒适。穿上牛仔裤的力量感可以让人更深刻地感知到自身的英勇和能力，牛仔裤的包裹一定程度上突出了身形，被认为是恰到好处地表现了男子汉气概。[⑦]

女性过于强调“隐藏缺陷”，这说明标准化审美给女性身体带来了沉重的负担。与男性相比，女性的身体会受到更多的审视，更容易遭受批评和价值判断，而价值判断在社会接受度和认可度方面至关重要。年轻女性对身材的审美要求更高，强调苗条，强调“曲线”概念所代表的身体某些部分的性吸引力，主要是下半身，臀部、大腿被认为是主要关注点。女性选择牛仔裤的审美要求与情色和性吸引力的关联更为明显。她们没有通过牛仔裤来减少女性气质，没有使用男性化的准则来掩盖女性气质，相反，她们似乎主要通过转化并选择性地采用这些“代码”来强调女性气质。穿着牛仔裤的“女性形象”主要通过诱惑型身材得以体现。为此，女性身材曲线必须通过对性的表现和压抑之间的辩证法来控制，既要凸显，又要抑制。这与当代的诱惑法则有关，在时尚和消费文化中形成了身体的性化（鲍德里亚，1997年；斯蒂尔，1996年）。因此，尽管女性的身体可能实际上穿进了一条极其紧身的牛仔裤，哪怕是穿了一条比建议尺寸小的牛仔裤，她们也普遍感觉“舒适”。在这种情况下，舒适感明显与使自己的身体适应理想的审美身体这一做法有关，而不是与活动自由带来的舒适感有关。活动自由带来的舒适感更多是指男性在追求具有男子气概的理想化自我形象时所获得的舒适感。异性恋男性似乎确实通过淡化诱惑而实现了男性化的外观：他们主要关注的是看起来很棒，而不是看起来像同性恋，因此他们通常不会激活诱惑型身材，而是会激活（传统的）男子气概身材，强调活跃、运动、力量——与之相反，甚至是穿着牛仔裤的女性似乎都倾向于被动的“被凝视”地位。

中性服装的性感：性化牛仔裤

一定程度上，正是牛仔裤在照镜行为中所扮演的特殊角色使得本研究中的大多数参与者将牛仔裤视为“第二皮肤”，其特征界定了明显的性别本质。牛仔裤要么紧贴身体，展示身材；要么裸露皮肤，表现魅力——两种情况都强调人们认识到了自己的身体是性化的对象。牛仔裤似乎是深度性化的物品，特别是在年轻人当中，而这似乎确实与牛仔裤原本普通的中性本质相矛盾。我们就此展开探讨。

牛仔裤是我们男女受访者衣柜中的重要部分，就性别而言，被视作格外“中性”的商品，“适合所有人”。然而所有人，尤其是女性，往往以明显性别化的语言表达对他人所穿牛仔裤的喜爱之情，这通常预示着吸引力概念的明显具有强烈的性别化。因此，我们会听到年轻女性说：“穿牛仔裤的男人总是更有吸引力”，她们“更喜欢穿牛仔裤的男人”，或者“任何男人，甚至我父亲，穿着牛仔裤看起来都更帅”，或者“男人的牛仔裤，臀部稍微收紧，腿部宽大……简直令人发疯。”他们还经常提到其他女性“穿着牛仔裤很帅”，突出了更严格的审美要求，并强调“特别是如果她（理想女性形象）拥有完美身材，还有漂亮的脸蛋，配牛仔裤，就太完美了！”年轻的米兰男人对牛仔裤的看法不一，这与他们的性取向有关。同性恋男性倾向于模仿女性，喜欢穿展示臀部曲线的贴身版型，而异性恋男性的关注点则集中在女性身上。他们认为女性穿牛仔裤非常有吸引力，强调与特定版型和穿着风格有关的性幻想。他们特别喜欢牛仔裤对女性“臀部”的强调：“我喜欢穿紧身低腰牛仔裤的女人，因为女人就应该穿紧身牛仔裤。”异性恋的男性也经常提到他们喜欢“连衣裙”“裙子”，以及“任何可以露出一点皮肤的衣服”。

异性恋男性和女性认为，牛仔裤刻画出的身材或身体部位具有情色意味，这暗示着牛仔裤的性别化及其作为性化工具的潜能。但是，牛仔裤的性化主要是实践技能，除了借助身体部位或特征（包括穿着方式、饰物和位置）之外，还借助了许多物质和符号性描述：

在我看来，说牛仔裤是一种性感的服装，始终与穿牛仔裤的人有关，因为如果穿着牛仔裤的人天生拥有完美身材，那么牛仔裤就是性感的。我不在这些人之中，但是如果让我想象一个寻常的“超模”，我总会想象她穿着紧身牛仔裤和高跟鞋。我从来没想象过不穿牛仔裤的“辣妹”，而且我去俱乐部的时候，总是看到她们穿着牛仔裤，所以我总是把“辣妹”和牛仔裤联系在一起。

（访谈 8，20 出头的女性文书工作人员）

那种低裆的、口袋较低的裤型，可以修饰我的背影。也许对腿部的修饰有点欠缺，会显得有点腿短，但我认为这很性感。我觉得自己穿这种牛仔裤比穿经典牛仔裤更性感一些。

（访谈 29，快 30 岁的音乐家）

牛仔裤同时改善并塑造了特定的身体特征，促进了性化的实现。对于女性来说，“完美身材”本质上指的是“娉娉袅袅、曲线玲珑”，我们的受访者也经常引用这一点。对男性身材的描述则不会如此规范和精确，但正如所指出的那样，也会经常提到苗条纤细、肌肉发达、高大魁梧等说法。这些身体特征有助于性化，但要结合特定的版型。低腰牛仔裤经常被认为格外性感，紧身牛仔裤也是如此，特别是对于女性而言。紧身牛仔裤的形象与“身体曲线”和“勾勒女性身材”相得益彰，在男性和女性中都非常流行。强烈性化的臀部令人无法企及，并暗示了穿紧身牛仔裤所体现出的女性气质。“女士牛仔裤能凸显臀部线条”，这种情况经常被人提及。不过，如果搭配某些配饰一起穿，紧身牛仔裤或暴露型牛仔裤会变得格外性感：“这始终取决于你的穿搭。只穿牛仔裤不会显出性感，但如果搭配一件特定的 T 恤和某一双鞋绝对可以变得性感”（访谈 22）。高跟鞋或特殊的上装甚至可以使“宽松的说唱歌手式牛仔裤”变得性感。性感牛仔裤的图像通常还伴随着特殊地点和场合的可视化显示，例如，醒目的派对或迪斯科舞蹈。

男性和女性都普遍认为牛仔裤是“跳舞的完美选择”。在这种情况下，来自米兰的年轻人似乎以明显性化的方式对待牛仔裤，根据生理性别和性别认同而有不同的理解。本研究中的异性恋男性普遍强调牛仔裤的“舒适性”，低估其诱惑力；一般而言，女性以及同性恋男性，更直接地提到了牛仔裤的诱惑力。所有人都强调牛仔裤是“任何情况下的通行证”，可以应对任何意外情况，提供安全性和吸引力。年轻女性经常初次约会时穿牛仔裤，即使是要面对一个难以取悦的“时髦男人”，因为这是“安全选择”。正如其中一位女性受访者所说：

我经常穿着牛仔裤去跳舞，特别是在我不确定要去的是哪一类地方时。穿上牛仔裤，我就知道会感觉很舒服。……就像最近去塑料舞厅（Plastic）[米兰一家另类的迪斯科舞厅]一样，我不得不和一个我不太熟的人见面，那个地方到处都是怪人，所以，我选择了我最喜欢的牛仔裤、露背黑色上衣和非常高的高跟靴，没什么特别的，但却是非常性感的组合。

（访谈 15，25 岁左右的女主持人）

牛仔裤不仅是中性物品，还可以非常性感。它们既适合男性的身体，也适合女性的身体，但作为第二层皮肤，它们会让人关注男性和女性身体的性潜能，从而强调了其对强烈性化的理想身材的审美依从性。为此，形成了围绕牛仔裤的文化想象[博特里尔（Botterill），2007 年；沃利，1991 年]。几位受访者强调，牛仔裤非常性感，因为“它们具有野性和活泼的元素”。尽管牛仔裤传播甚广，但“仍然具有这种野性和牛仔性”，使人不禁想起“美国西部”“边疆”“无拘无束”“自然天成”，想起过去更加真实、深刻而自由的生活。如前所述，牛仔裤也可能表现出逾越性，在本研究中即表现为性化的逾越，主要是作为传达情色开放性形象的一种方式。这在女性中尤为明显，她们通常将诱惑视为一种行为方式，并以此阐释了特殊场合中的牛仔裤：

有时我穿牛仔裤是想要穿得刺激点、开放点。这样说吧，我穿着这样的牛仔裤摆个造型站在那儿，我男朋友就会多看我一眼，所以这也算是使我比平常更性感的逾越行为。

（访谈 7，20 多岁的女文书工作人员）

我之所以穿牛仔裤是因为我想更显眼。如果不是这样，我就会穿喇叭裤配针织衫，而不是高跟鞋、紧身牛仔裤和上衣。这种穿搭会让人印象深刻，表明我更喜欢诱惑游戏。

（访谈 13，25 岁左右的男性）

总而言之，围绕着诸如迪赛等知名品牌的广告活动中出现了性意象的挪用（苏利文，2006 年；沃利，1991 年），在这些挪用现象中，牛仔裤的性别化会根据不均衡的性化和情色化来决定：异性恋男性觉得有助于表现男性化形象、淡化诱惑感的牛仔裤很合身，是因为这样的牛仔裤适合他们的社会角色。跟他们一样，异性恋女性轻轻松松地把她们的牛仔裤转换成诱惑工具时，也会觉得这样的牛仔裤很合身。她们都认为自己最喜欢的牛仔裤一定能展现魅力，她们也经常穿上自己最喜欢的牛仔裤，并辅以相应的配饰和举止，目的就是要引起性关注，或者只是“得到男孩们的赞赏”。牛仔裤的诱惑通常被概念化为一种暗示和想象力，它与牛仔裤如何塑造身体（尤其是“苗条的曲线”）有关，也与身体如何被视为不可见之物的预期有关。牛仔裤似乎为诱惑游戏提供了一些常规化的支点。例如，与超短裙相比，牛仔裤“不太显眼”，它们“巧妙发力，而不致用力过猛”。出于某种原因，牛仔裤仍然被视为最初只适合男性穿着，只是女性将其挪用为“解放”性行为的象征。尽管如此，牛仔裤并不具有冒犯性：它们不会强硬地将女性身体展现在男性视线中，这一切必须由女性来激活（通过一个姿势、一声浅笑、一句话、一件配饰、布料上露出皮肤的一个小洞等）。因此，性化的演绎由女性自己完成。更普遍来讲，双重性是时装的特征（西美尔，1904 年；戴维斯，1989 年）。在这种双重性中，性化本身即是高度个性化和普遍化的，这一点体现在与明显“性感”的服装（无须单独激活）相对立的牛仔裤的“普通”本质之中。牛仔裤的诱惑不应该被一劳永逸地物化在一套服装里（这套服装使性的含义变得僵化，超出了穿着者的意图），相反，要实现牛仔裤的诱惑，需要穿着者不断调节自己的身体，为性魅力充电、加压，还需要个性和活力。

结论

牛仔裤作为物质文化领域中具有浓厚文化色彩的物品，或多或少自发地被用以表现身份、性倾向和诱惑。在本篇中，笔者对此进行了探讨。

性倾向建立在个人身份的基础之上，并且被认为是最私密的一面。与此相同，牛仔裤的性化建立在牛仔裤和时装之间广泛联系的基础之上，因而也不能孤立地看待。在服装—身份领域，牛仔裤被视为强烈的个性表征。每一次清洗，牛仔裤都会展露出新的一面。时间将记忆印在颜色越发不均、越发淡化的裤子上，这些记忆记录了使用者的动态和身形，就像清洗过后淡褪的颜色一样叙述着真实的经历。因此，牛仔裤看起来像是“第二层皮肤”。正如田野考察中听到的一种解释——“牛仔裤里有一个用布料织成的故事，那是你的故事。”但它们不止是反映了人们的一个故事或一个身体，它们反映的是一种被持续激活并被精心呈现的真实状态，预示着在利用时尚的过程中消融时尚的可能性（超级时尚和个性表达），也预示着增强性吸引力的机会——在文化上被性化的服装既适合个人，又能使个人适合更广泛的理想美，这样的服装会让人感觉自己拥有好身材，进而增强性吸引力。

最受喜爱的牛仔裤一定程度上会让人想像一个更好、更放松、更性感的自我形象，即一个好身材的自我。我们不必对此种意义上的迁移感到惊讶，毕竟，身材健美最初的定义就是通过繁殖而存活的能力，大约就是吸引伴侣的意思。尤其是对女性来说，牛仔裤既是日常用品（充斥着“自然”“简单”“放松”“正常”“适度”“休闲”等含义），又是经常被视为“最性感”的高度性化的物品。这种两重性是性潜力与生俱来的特质：它消除了对身体进行情色投资带来的压力，强调一种漫不经心的诱惑，始终保持自由和俏皮，也始终由诱惑者掌控。当然，这些动态都是高度性化的：牛仔裤极力减少身体的缺陷，并凸显有优势的身体部位或特征，但是男人更关心如何展现强壮的身体和力量，而女人则更关心对缺陷的隐藏和压制。一旦女人觉得自己最喜欢的牛仔裤帮助她打造了曲线优美的苗条身材，这些消极的词汇就会变成积极的词汇，并且还愿意将牛仔裤用作诱惑工具。反过来，有效利用诱惑才能最终保证塑造出身穿牛仔裤并适度性感的女性形象。打造性化形象，将他人的视线吸引到自己的身体上，这一能力来自之前的所有照镜行为。通过照镜子，牛仔裤带来了一定程度的自信，这正是因为牛仔裤被认为越来越个性化，并契合了自己期望的社会角色。正如牛仔裤通过控制个性表达和超级时尚特质来表达对时尚的尊重并保持超越时尚的能力，牛仔裤也因此被用来以指定的性别二分法则的形式呈现个性化的性化。

注释

① 本文使用的材料来自另一项较大型的研究项目所收集的材料。本文作者与她的许多毕业班的硕士研究生正在致力于该项目的研究，采用了民族志、民族志访谈和视觉研究方法。在这些学生中，要特别感谢西蒙娜·埃托里（Simona Ettori）、费德里卡·加莱亚齐（Federica Galeazzi）、尼科洛·莫塔（Niccolò Motta）和米歇尔·皮罗尼（Michele Pilloni），他们为收集本文分析的实证资料投入了极大的热情，给予了宝贵的帮助。特别要指出的是，本文的研究基于对来自米兰中产阶级社区的年轻人所进行的 40 次深度访谈。受访者年龄在 20~29 岁，其中男性 20 人，女性 20 人，主要是异性恋，也包括 9 名男同性恋。访谈在 2007 年冬季至 2009 年春季之间进行，访谈时间持续 1~2 个小时，为了了解一些更私密的内容，许多访谈还有时间较短的追踪调查。我要感谢本研究的所有参与者，感谢他们愿意分享他们的体验。我还要特别感谢丹尼尔·米勒的一贯支持和在编辑方面极富启发性的建议，特别感谢罗塞拉·基齐（Rossella Ghigi）和尼科莱塔·朱斯蒂（Nicoletta Giusti）认真阅读本文并给出评论。

② 报告中的做法进一步证明了这些观点。提及他们购买牛仔裤或从衣柜里挑选一条要穿的牛仔裤，米兰的年轻人愿意表现出对时尚的关注，但是同样也会提到，“品位”或“什么最适合我”是他们的最终动机。特别制作的牛仔裤可能是“商店里刚到的一批货”，也可能是“时尚杂志中到处都有的”。但这些情况只被看作提供了一个机会以实现自己的品位和理想。由于这些原因，哪怕是旧牛仔裤也可能仍会被频繁使用，“即使它们已经不再那么时尚了”。

③ 对自己与品牌之间关系的语言表述也是研究的热点。尽管许多受访者

倾向于强调其他因素作为主要决定因素——在谈到身份代表时特别提到“款式”，在谈到购买决定时特别提到“价格”——但他们都提到了特定品牌。品牌令人想到的象征性领域在很大程度上被制造商及促销手段所控制，而款式据说可以让个人的身体成为自己的代表。身材本身使品牌很难建立一个相似用户的想象共同体——这些用户与品牌形象密切相关。如果将品牌视为一种身份标志，那么它们也可能会产生误导，因为它们仅通过身体举止和自我表现来表示身份。在许多情况下，即使当品牌被认为很重要时，语言表述也一直在强调个性化。因此，在描述品牌化的时候，更多的是根据关于挪用的辩证法，而不是根据想象共同体、品牌价值、质量保证等。

④ 在某些情况下，自己最喜欢的牛仔裤的磨损会降低其价值，因为“新”是有价值的东西，随着时间的流逝，一般的耐磨性可能会大幅降低。一名 25 岁左右的女学生说：“即使牛仔裤的破损意味着这条牛仔裤和你一起经历了许多，这种情况也很美妙，一旦牛仔裤真的又旧又破了，那你就不太可能像牛仔裤还是新的时候那样穿着它们想去哪就去哪了”（访谈 20）。

⑤ 舒适感指的是在某种程度上可以达到自己理想身材的感觉，（女性）在描述穿上了比平时尺码要小的衣服时，特别爱用这个词：“我感觉很棒，真的很棒，因为经过艰苦的节食，忍受了这么多，我穿进了一条 40 号的浅色紧身牛仔裤，非常合身，这让我非常满意”（访谈 21）。当然，围绕这种情况产生了双重利用游戏——时装公司通过大大小小的尺码提供轻松的满足感，而服装制造商则刻意将自己定位为品牌，通过多种尺码分类令人感到变苗条了。

⑥ 请注意，我们的绝大多数受访者都认为牛仔裤是最通用的服装，但却不适用于非常正式的场合。这些场合因性别而截然不同：对女性来说，主要是毕业典礼、工作面试和结婚；而对男性来说，只有结婚。但是，牛仔布面料却在很大程度上参与了这种定数：对于女性而言，用牛仔布制作的时尚配饰（如包包）确实可以用在工作面试中，以带来一点“轻松”或“原始感”。

⑦ 同性恋受访者在对紧身牛仔裤的强烈喜好、对时尚的普遍关注，以及性感化穿着时利用诱惑身材的意愿等方面表现出明显不同。另一方面，异性恋男性的特征在于担忧，例如，马泰奥（访谈 30）所表达的担忧："我的衣橱里有一条明显标新立异的牛仔裤，但我认为很难穿出门，因为太激进了。相反，我最喜欢的牛仔裤是经典款，可以凸显出腿部、小腿和腰臀，但又并不是那么紧绷。这条裤子就放在我的衣橱里，我仍然不敢穿，因为它确实很紧，而且太标新立异了。"

参考文献

[1] Baudrillard, J.(1997), *Della seduzione*, Milan: Se.

[2] Baudrillard, J.(1998), *The Consumer Society*, London: Sage.

[3] Bordo, S.(1993), *Unbearable Weight. Feminism, Western Culture and the Body*, Berkeley, CA: University of California Press.

[4] Botterill, J.(2007), 'Cowboys, Outlaws and Artists: The Rhetoric of Authenticity and Contemporary Jeans and Sneaker Advertisements' *Journal of Consumer Culture*, 7(1): 105–126.

[5] Davis, F.(1989), 'Of Maids' Uniforms and Blue Jeans. The Drama of Status Ambivalence in Clothing and Fashion', *Qualitative Sociology*, 12(4): 337–355.

[6] Entwistle, J.(2000), *The Fashioned Body*, Cambridge: Polity.

[7] Fiorentini, A.(2005), 'Considerazioni sulla recente storia del 'Blue de Genes' In Italia', *in Jeans! Le origini, il mito americano, il made in Italy,* Firenze: Maschietto.

[8] Frith, K.; Shaw, P. and Cheng, H.(2005), 'The Construction of Beauty: A Crosscultural Analysis of Women's Magazines Advertising', *Journal of Communication*, 55(1): 56–70.

[9] Gauntlet, D.(2002), *Media, Gender and Identity*, London: Routledge.

[10] Goffman, E.(1967), *Stigma: Notes on the Management of Spoiled Identity*,

Englewood Cliffs, NJ: Prentice–Hall.

[11] Green, A. I.(2008), 'The Social Organization of Desire. The Sexual Fields Approach', *Sociological Theory*, 26(1): 25–54.

[12] Guillaumin, C.(2006), 'Il corpo costruito', *Studi Culturali*, 2: 307–342.

[13] Lurie, A.(1981), *The Language of Clothes*, New York: Random House.

[14] McCraken, G.(1988), *Culture and Consumption*, Bloomington: Indiana University Press.

[15] Miller, D., and Woodward, S.(2007), 'Manifesto For a Study of Denim', *Social Anthropology/Anthropologie Sociale*, 15(3): 335–351.

[16] Sassatelli, R.(2007), *Consumer Culture. History, Theory and Politics*, London: Sage.

[17] Sassatelli, R.(2010), *Fitness Culture. The Gym and the Commercialization of Fun and Discipline*, Basingstoke: Palgrave.

[18] Simmel, G.(1904), 'Fashion', *The American Journal of Sociology*, 62(6): 541–558.

[19] Steele, V.(1996), *Fetish: Fashion, Sex and Power*, Oxford: Oxford University Press.

[20] Sullivan, J.(2006), *Jeans. A Cultural History of an American Icon*, New York: Gotham Books.

[21] Veblen, T.(1898), 'The Beginnings of Ownership', *The American Journal of Sociology*, 4(3): 352–365.

[22] Volli, U.(1991), *Jeans*, Milan: Lupetti.

[23] Wernick, A.(1991), *Promotional Culture. Advertising, Ideology and Symbolic Expression*, London: Sage.

[24] Waquant, L.(1995), 'Why men desire muscles?', *Body and Society*, 1(1): 163–179.

— 7 —

牛仔裤学：各种关系与亲密行为中的物质性和（非）永久性

索菲·伍德沃德

我一个人呆在公寓的时候就会穿他的牛仔裤……我不知道为什么……也许，这让我感觉与他还很亲近，能得到一点点慰藉……

这是一位家住伦敦 20 多岁名叫乔治娅的女性说的话。她说出这些话时，正穿着她男朋友的牛仔裤。在他的公寓度过一晚后，她于第二天早晨向他借了这条牛仔裤以在回家的路上保暖。回到自己的公寓后，乔治娅还是继续穿着这条牛仔裤。从某种程度上说，穿着这条牛仔裤时，她仿佛感受到他仍在面前，并感到自己能更好地处理这段暧昧关系。在笔者对英国女性着装进行民族志田野调查期间，几位女性受调查对象正穿着她们男友的牛仔裤，而目前在英国，“男友风牛仔裤”本身已成为牛仔裤中一个成熟的类别。乔治娅的例子提出了用服装协调女性与他人关系的方法。布料与服装的外观正是能引起连通性联想的一个因素，并在连结众人与构建人际关系方面富含隐喻潜力。纺织布的连通性扩展到了隐喻层面，也扩展到了人类学领域。人类学尝试将织物的编织与交易过程视作亲属关系的象征［韦纳和施奈德（Weiner and Schneider），1989 年］。然而，对于西方服装与更广阔的时尚背景而言，服装在人际关系中的嵌入性并没有引起韦纳和施奈德的同等关注。相反，当代英国，服装已被归入时尚之中，伴随着形象、外表以及个人主义等方面的联想。本文认为，在英国，人与服装的关系不能简化为个人主义更广泛的语境及价值观。

本文将集中讨论穿着、捐赠和借用牛仔裤这类行为实际是与他人协商关系的手段。

在英、美等国，提供和赠送服装所体现的一种主要关系是母女之间的关系 [克拉，2000 年；科里根（Corrigan），1995 年；德沃（DeVault），1991 年]，在这种关系中，独特的审美模式被反复灌输。即使这段关系可能会随着女儿长大成人而变得越发具有对抗性，但这仍是表达爱意的一种行为 [米勒，1997 年]。在笔者最初关于女性着装的民族志研究中，母女间长期的服装赠送、亲戚或老友间的服装借予以及更多服装的短期交换之间存在鲜明的对比 [伍德沃德，2007 年]。借出服装的类型以及服装是否能被立即归还的期望有助于创建和巩固人际关系。在本文中，笔者主要关注的是女性与其男友之间这种特殊的关系。鉴于此，使用谱系学来比喻或许显得有些出乎意料，因为它似乎显示了结构化的家族史。当这种结构化的正式关系集合映射到服装传递上时，则意味着服装或者牛仔裤在用来定义代际关系时会形成同样严格的结构。或者说，从更广泛的文化历史层面上谈论牛仔裤的谱系，即“牛仔裤学”，会使人联想到由列维·斯特劳斯于 19 世纪晚期传下来的牛仔裤谱系，以及牛仔裤完善的历史与故事。因为牛仔裤学是笔者在英国背景下更广泛的服装定位的一部分，聚焦于挑选、穿着和抉择服装等日常普通行为，所以本文中提到的牛仔裤学与上述的两种概念都有些不同。牛仔裤的含义并非来源于设计师的创造力和身份，而是源自牛仔裤的穿着与交易方式，及其逐渐实现日常关系的过程。因此，相比于谱系的传统观念，应该以一种更灵活易变、更非正式的方式来理解牛仔裤学。

作家们在谈到当代英国社会的亲密关系时强调了人际关系中的易变性这一概念。吉登斯（Giddens，1991 年、1992 年）指出，在许多社会变革（例如，性不再与生育紧密相连）中，劳动力市场的变化意味着关系结构的转变和亲密关系的变革。他解释道，这导致关系更具有多样性，而且，“纯粹关系”是“为了自身的利益而结成的”（吉登斯，1992 年：第 58 页）。吉登斯思想的核心被贾米森（Jamieson）称为“公开亲密关系”（吉登斯，1998 年：第 1 页），即通过情感和欲望的言语表达来协商和维持关系。尽管吉登斯的思想因强调选择和忽视长期的性别不平等现象而受到了众多批评，本文仍将特别关注言语及口头表述的重要性。本文开篇即为笔者民族志研究中一位女性受调查对象所说的话，当我们从更广泛的角度观察她的行为时，这些话语就具有了意义。当然她是不会对正在和自己约会的男人说出这些话的。作为物质文化，牛仔裤并不能反映这种关系，但她穿着他的牛仔裤这一行为可作为一种媒介，表达出她无法用言语向他表述的东西。贾米森（1998 年）对吉登斯的批评中谈论了亲密关系的多重层面，因为用言语表达感情仅仅只是亲密关系中的一种表现方式或一个方面。鉴于此，牛仔裤可能会外化一段关系中的矛盾层面，如依赖性与独立性。吉登斯阐释并理想化了一组类似的矛盾，使其在纯粹关系中得到了验证。这种关系不受传统束缚，自由结合，但此种结合同时也可能导致破裂崩溃。在本文中，笔者将提出服装能有效外化人际关系的脆弱性，这与韦纳的主张相吻合，尽管在另一个迥异的背景下她主张“这些物质的柔软性和极度脆弱性捕捉了人类的弱点，即人类的每一段关系都是转瞬即逝的”（韦纳，1989 年：第 2 页）。

着装个性化

本文所依据的材料源自笔者在伦敦和诺丁汉对女性着装所进行的民族志研究，为期超过 15 个月（方法论与研究结果的详细信息请参见伍德沃德，2007 年）。通过滚雪球抽样法选择了一共 27 名女性作为研究样本，其中超过一半的女性通过亲属关系、工作或朋友圈这三类关系网相互关联。接受笔者调查的许多女性指出，她们与牛仔裤这一服装类型之间有一种非常私密的关系，这一点在本书的前言中已详尽解释。因此，要说明牛仔裤提供了与他人联系的可能性，这似乎会带来一个悖论。有一类牛仔裤女性不会让其他任何人穿，例如，她们找到的专属“完美牛仔裤”或是一条她们已穿了很长时间的牛仔裤。这是因为她们自己与牛仔裤之间的亲密私人关系会被其他穿这条牛仔裤的人所破坏。然而，其中少数女性也会穿男友或伴侣的牛仔裤，这大多是因为男友体型更大，女性很容易就能穿上他们的牛仔裤。由于牛仔裤对早先穿着者存在记忆，所以女性能够以此协调人际关系，并在某种程度上用它来提升个人审美。

真实性与男子气概

第一个案例研究的对象是斯蒂芬（Steph），一名来自爱尔兰的20多岁的女性，经常穿男友的牛仔裤。男友生活在爱尔兰，并非一直都在她身边，但斯蒂芬穿男友的牛仔裤并不是想要暗示对男友的情感，而主要是为了扩充自己的衣橱。这是出现在主要民族志中一种更广泛趋势的一部分。在这一趋势中，女性不一定会将赠予或者传给她们的物品视为珍贵的传家宝，也不一定会将其视作体现某人或某段关系的物品。尽管着装行为会建立与他人的联系，但由于与他人的关系可被外化于服装中，女性仍能利用这些关系来加大通过穿衣定义自我的可能性（见前文伍德沃德对此的论述，2007年）。女性或许可以通过朋友或母亲的品味来提升其个人审美。从着装的微观层面上来讲，穿老式服装或二手服装这类更广泛的做法就体现了这一策略[克拉克（Clark）和帕尔默（Palmer），2004年；格雷格森（Gregson）和克鲁，2003年]，由此可以想象服装背后的故事。扩大可穿服装的可能性是一种经济实惠的方式，它使人们意识到自己走出了主流时尚。

斯蒂芬曾多次表示对商业街的厌恶（尽管她也会在那里购买紧身牛仔裤之类的商品），所以穿男友的牛仔裤体现出她对服装所持有的更宽松的态度。在两年多的时间里，她逐渐把男友的牛仔裤归入了自己的衣橱。第一次穿男友的牛仔裤是在男友来其公寓留宿并将牛仔裤留在那儿时。而现在，她已经拥有了两条男友的牛仔裤，都是男友不得不永远让给她的。她几乎每天都穿牛仔裤，要么穿男友的牛仔裤，要么穿另一条自己的瘦腿紧身牛仔裤（是在她接受笔者的民族志调查期间流行的款式），再搭配运动鞋和摇滚T恤衫。对她来说，不同款式的牛仔裤是打造不同日常造型的基础。斯蒂芬的男友比她高约10厘米，臀部较窄，但穿着宽松的牛仔裤；而同一条牛仔裤穿在斯蒂芬身上时就变成了低腰裤，她得系上一条粗腰带来支撑。这是一条过于宽松的直筒牛仔裤，以至于没法贴合她身体的任何一部分；裤腿太长了，她不得不将它们外翻出来。她穿着超大号的牛仔裤，搭配合身的粉色或米色丝质背心，以及柔软的丝质混纺安哥拉羊毛开衫或开司米羊绒开衫。虽然这条牛仔裤的确是男士牛仔裤，但由于裤裆垂至斯蒂芬的大腿中部，加上粉色女式背心和柔软的淡色安哥拉羊毛开衫，整体造型看上去远非男性化。在很多情况下，牛仔裤都能适应穿着者的身体，这种个性化方式使得牛仔裤备受重视。对于斯蒂芬而言，这些牛仔裤的庞大凸显了她身材的小巧。牛仔布开始磨损并变软的唯一地方位于牛仔裤底端，也就是经常摩擦的裤脚外翻边缘处。她选用了一种男性化的牛仔裤风格，摆脱了牛仔裤的传统女性气质，在构建另一种女性气质模式时强调了自己的脆弱性和细腻感[霍兰（Holland），2004年]。牛仔裤所表现的这种女性气质否定了裸露型装扮所表现出的过于性感的女性气质，而后者在年轻女性中很常见[利维（Levy），2006年]。

斯蒂芬的例子体现了众多年轻女性所具有的一个核心矛盾，即一边渴望利用快时尚变得时髦，一边又想要拒绝并否定时尚主流及其所蕴含的女性气质。斯蒂芬口头上对商业街时尚的反感转换成了行动：她在慈善商店里购物，还穿男友的牛仔裤。因此，她能够依据大众时尚快速变化的时间周期以及人们所感知到的大众时尚的不真实性来应对大众时尚潜在的异化特征。尽管“真实性”这个术语备受争议，但是，在笔者的研究中许多女性受调查者都在讨论自己与服装的关系时用了这个词来表述自己的行为。“真实性”通常被认为是商业化生产风格的对立面。而从商业如何利用并代表日常消费模式的角度来看，这种对立存在问题。就牛仔裤而言，这种对立体现在诸如做旧处理等工艺流程中。做旧处理时，商业化的设计过程复制了服装穿着时布料的磨损现象。对立关系还体现在商业街各大商店销售“男友风牛仔裤”这一现象中，因为这些商店利用了女性借用男友牛仔裤的行为。“男友风牛仔裤”既是一种商业生产风格，对斯蒂芬而言也是基于真实意义上的男友牛仔裤的借用。正如她告诉笔者的那样，“男友风牛仔裤”是“真实之物”，男友穿过之后，似乎变得更加真实了。斯蒂芬穿上男式牛仔裤时，也体现了最初对牛仔裤的描述—— 一种男性化的过程。她借来的牛仔裤是纯棉的（同目前大多数女性牛仔裤一样不含弹性纤维），强调了男性化的纯棉蓝色牛仔裤的真实内涵。她时不时穿男友的牛仔裤的行为已有两年，而牛仔裤在被斯蒂芬及其男友穿过之后也变得越发具有个性特征。随着时间的推移，这个过程使她摆脱了瞬息万变的快时尚时间周期。由于牛仔裤在缓慢磨损的过程中获得意义，所以可被视作是对所谓快时尚速度的抵制。牛仔裤变得个性化并不是因为能直接呈现出斯蒂芬的体形（就像牛仔裤被女性穿过一段时间后会变得更合身那样），相反，牛仔裤的底部拖在地板上会被磨坏，因此她的身体与牛仔裤之间的关系不同于男友的身体与牛仔裤之间的关系（因为膝盖部位的磨损区低于她膝盖的实际高度）。

多位穿着者

前面例子中的牛仔裤是斯蒂芬男友的牛仔裤，而不是她从商业女装中的“男友风牛仔裤”里选购得来的，因此具有真实性。在笔者田野调查的其他例子中，布料上明显的穿着痕迹证实了牛仔裤的真实性。这种真实性源于岁月的印记，在牛仔布上得以体现：布料受到磨损，柔软的白色棉纤维显露出来，布料因而变软。牛仔裤的磨损可能是个性化的过程，因为牛仔裤长期以来被频繁地穿着，但也可能有其他情况：在接下来的例子中，这个人穿的牛仔裤不仅是前任伴侣的牛仔裤，还被其他家庭成员穿过。50 多岁的维维恩（Vivienne）住在伦敦北部，是前政治活动家及研究员。她有一条牛仔裤，以前是黑色，但现在因为磨损而褪成暗灰色，在被磨穿的软棉纤维部位打着柔软的白色补丁。这条牛仔裤是“四手”的，是她女儿的男朋友送给她的（她女儿和女儿男友的父亲以前也穿过）。在前面斯蒂芬的例子中，牛仔裤外化了两人的关系，并且从更广泛的意义上讲，这就是“男友风牛仔裤”的大致内涵。但维维恩这个例子则强调了一件衣服如何体现了多种关系以及各种亲密关系的形式。贾米森（1998 年）指出，以吉登斯的纯粹关系（1992 年）为例，两人之间的亲密关系已在当代社会中被理想化。按照贾米森的说法，任何一种关系和众多不同形式的关系中存在亲密关系，而这种理想化模糊了亲密关系的多种形式，如实际的关心、依赖和分享。这也意味着牛仔裤的转手过程并没有将一种关系具体化，而是融合了数位家庭成员的关系。牛仔裤并不会带有任何人身体的记忆，而是随着穿着者的更替而依次逐渐变化，它在不止一位的家庭成员之间传递着，并在两者之间建立起联系。

在前面的例子中，虽然斯蒂芬并没有让男友的牛仔裤保持原样，但她仍称其为自己男友的牛仔裤（尽管她拥有这条牛仔裤的时间更长）。这条牛仔裤与早先的穿着者有着强烈的联系，由于其宽松的特点，即使被斯蒂芬反复穿着也不会完全贴合她的身体。维维恩的牛仔裤则并非用来记住某个人，而是要构建多位穿着者之间的关系网，他们每个人在穿过这条牛仔裤之后都留下了自己的痕迹。穿着者留下的痕迹存在于牛仔裤磨损的特质中，但随着牛仔裤在人与人之间的传递，这些痕迹相互交叠，很难识别出任何个人磨损模式。这条牛仔裤体现了时间的流逝以及家庭的构建。此处讨论的人与人之间的联系与谱系的形式化概念截然不同。韦纳和施奈德（1989 年）曾引用吉廷（Gitting）关于葬礼的研究以及 17 世纪人们必须自带黑色布幔参加葬礼这一现象的转变。他们认为这是服装在西方背景下的一个过渡点，因为服装“不再表达时间推移下家族群体与祖先权威和繁衍之间的连续性”（韦纳和施耐德，1989 年：第 11 页）。但这并没有解释清楚随意传赠衣物的做法——这种做法把几代人或家庭成员联系起来。即使在个人主义价值观占主导地位的环境中，这种做法也始终存在于亲属关系和更加广泛的社会关系中，而这些关系正是这种做法产生的根源。从穿借来的和赠予的衣服这一着装习惯可以看出，个体总是存在于关系网中。由于这些关系在生命历程中会发展和变化，斯坦利（Stanley，1992 年）质疑了一个传统的看法，即认为传记是独立个体的故事。她认为其他人也很重要，不能被简单归为“阴影人物”，因为正是与他人之间的关系造就了传记主人公。此外，女性的服装也同样体现了这一点，她们对于服装的选择会影响其与他人的关系。像维维恩的牛仔裤这样的个人物品就反映了这一点。这条牛仔裤被许多不同的人穿过，每个人都将这件物品个人化，并且因这条牛仔裤而相互关联。

在维维恩和斯蒂芬两人的例子中，穿他人的牛仔裤这一行为脱离了时尚的范畴。向别人借衣服这种方式有别于商业街购物的另类采购策略，也是维维恩关于服装更广泛策略的一部分。维维恩几乎没有新衣服，她的许多衣服都很破旧，快不能穿了，所以她的女儿们常常送她旧衣服。尽管这种远离时尚的做法让人联想到从二手商店购买衣服可能使得她们远离时尚，但有一点不同，买的二手衣服包含的只是一个想象的匿名故事。对于斯蒂芬来说，她穿的牛仔裤把她和另一个人联系起来；对维维恩而言，牛仔裤使她成为一系列人物故事网中的一部分。这个故事网使她通过与他人的联系来定义自己，而正因牛仔裤带有穿着者的个性化痕迹，她才能最有效地做到这一点。然而牛仔裤的许多部位现已变得过于柔软，很有可能会破烂、解体。

关系的无常与脆弱

维维恩的牛仔裤已穿了很长时间，足以留下几个穿着者的印记，但也无法永远穿下去。本文最后一个例子探讨的就是牛仔裤这种同时并存的耐用性和脆弱性。这个例子讲的是一位 20 多岁的年轻女性——乔治娅。此处谈论的牛仔裤并不能被称为其“男友”的牛仔裤，这是因为她和那位与她约会超过六个月的男士保持着暧昧不清的关系。乔治娅拒绝使用“男友”一词，她自己也不确定他是否也在和其他女孩约会。他们经常见面，但两人关系并没有确定，这就意味着她拿不准下一次他会在何时来见她。

这个例子突出了吉登斯（1992 年）所谈到的纯粹关系问题，这种关系基于两个人的自由选择，两人对自己的感受和欲望进行自我反省，由此产生一种存在于平等个体之间的关系。在诸多对吉登斯的批评中，杰克逊（Jackson，1996 年）认为纯粹关系未能解释不平等情况的持续存在。正如邓科姆和马斯登（Duncombe and Marsden，1999 年：第 103 页）指出，从更广泛的层面看，当代关系所具有的特征并非是被吉登斯乐观吹捧的平等，而是持续存在的性别差异。乔治娅就是一个典型，她有时会吐露心声，希望他是自己的男友。虽然她目前怀有这一心愿，但这位男士却浇灭了她对稳定关系的渴望。只有当他让步时，这种情况才可能完全改变。对于乔治娅而言，其社会关系的一个关键部分是与其他女性之间的友谊，她们的一个关键话题就是对男人感到绝望。这突出了公共叙事、个人叙事与日常实践之间不确定的复杂关系。

有一些大众化的说法涉及对两性关系的期望，例如，“所有女人都想要承诺”以及“男人都想与女人确立关系”[霍尔韦（Hollway），1984年]，还有一种说法认为“好男人很难碰到”，乔治娅时不时会强调这一点。她的叙述并不否认这样一个事实，即她同时也表达了想与这位男士密切联系的愿望，而且涉及“想要一个好男友”这样的公共叙事是如何影响个人期望的。这也凸显了一种悖论——既渴望独立、单身、与女性朋友建立关系，又渴望与男性产生联系。对他人的依赖和联系开始引发有关纯粹关系的问题。“坦诚”观念在人际关系中占据中心位置，不允许矛盾的存在。正如这一观念所认为的那样，乔治娅这个例子也质疑了人们对于仅仅基于言语之上的关系的看法。同样地，反思性的概念也是如此：穿这位男士的牛仔裤可能还意味着反思性的缺失，有时还意味着想要与这位男士保持一种物质联系，而她无须用言语表达自相矛盾的经历和感受。这一切或许太复杂，难以言说。这种反思性也并非是性别中立的；霍克希尔德（Hochschild）[引自赫菲（Heaphy），2007年：第142页]提出了存在于特定工作场合的情绪劳动（emotional labour）概念。作为工作的一部分，一些女性必须进行情绪劳动。赫菲（2007年）谈到，人际关系也是如此，在这一层面上，人们期望女性变得更具有反思性。

即使乔治娅的男性友人不在她的公寓里，她仍会保存他曾留下的物品。有一些是她故意保存的，比如一把牙刷和一件暖和的冬季针织套衫；还有一些是乔治娅去看他时买回自己公寓的物品。如果某天晚上他们出去玩，她会回到他的住所，以免在第二天看起来像经历了一次“不洁的外宿”（她的原话），并且向他借一条牛仔裤或一件衬衫。之后的数日，她可能会继续穿着这条牛仔裤，但只是在家穿，直到他下一次来拜访时再将它取回。他比她高15厘米以上，如同第一个案例研究里的情况那样，当她穿上男性友人的牛仔裤时，牛仔裤会松松垮垮地挂在她的髋部，裤脚也会拖在脚上，除非她从牛仔裤上部将它卷起来。她第一次穿上这条牛仔裤时，裤子上仍然带有他的气味，而且也被他穿柔软了。他最后一次穿这条牛仔裤后，裤子膝盖周围略微松散，带着他汗水的味道。因此，这条牛仔裤充满生气，能使他仿佛还处于她的公寓里。由于这条牛仔裤承载着她缺席的爱人的“幽灵”般存在，所以它的大小和宽松突出了她的脆弱性。在不确定是否还能再见到他的情况下，穿着他的牛仔裤可以得到慰藉。她觉得自己处于最脆弱之时就会穿上这条牛仔裤，由于她仍记得被他拥抱的感觉，于是牛仔裤也包裹着她的身体，调解着他的存在与缺席。当她最脆弱的时候，她无法完全用语言表达出来，相反，由于牛仔裤可以作为人际关系难以提供的安全感和稳定性的一种外在形式，她的脆弱和与他之间的关联同时被物化了。牛仔裤已呈现出他的体型和气味，穿上它使她好像栖息在他的牛仔裤第二层皮肤之中。

她只在家里穿这条牛仔裤，即使这样也只是偶尔穿，因此从许多方面来看，穿男性友人的牛仔裤与穿自己的衣服有许多不同之处。穿这条牛仔裤有助于她克服这段特殊关系的不确定性。一种强有力的假设认为当代英国服装关乎“自我表达”，或关乎个性（见伍德沃德于 2005 年对此发表的评论）。在这种情况下，乔治娅采取了一种完全相反的策略：她在此刻放弃了个性化的主张，而是期望依附于自己不在场的爱人。当他离开后，她独自一人——就是她感到脆弱的时候，穿着别人的衣服（或他人赠予的衣服）会使个人重新回归社会关系。而在乔治娅的例子中，当他们分开时，她与他的关系正是如此。正如笔者已经讨论过的，自我总是由多重关系构成的，但在此情况下，只有这一种关系能成为她自我构想的方式，通过服装，她与他之间的关系得以延续。穿上他的牛仔裤，同时就承认了她得到的安慰和其自身的脆弱感。

她还含蓄地承认这种关系本身就无法长久。韦纳（1989 年）在不同背景下探究过服装、社会关系和永久性之间的联系。在特罗布里恩群岛（Trobriand Islands）和西萨摩亚（Western Samoa）两个案例中，她探讨了织物如何被用来象征亲属关系和家族群体，以及这些相同的亲属身份如何通过服装“被转化为政治权威”（韦纳，1989年：第33页）。她的论述有助于强调布料的属性如何在各种情况下有效地物化亲属关系及其与权威之间的关联。她所提到的特罗布里恩群岛的布料是成捆的香蕉叶（涉及大量的劳动）和女性的纤维质地裙子（在某人死后被分送出去）。女性拥有的布料财富“是稳定的母系力量，证明了面对死亡成功的重生”（韦纳，1989年：第40页）。在西萨摩亚的例子中，酋长的排名也与某些继嗣群（descent groups）相关，而不由出生所决定。她所谈到的织物是指由露兜树纤维所制成的优质垫子，它们被精心地编织，并且柔软如亚麻细布（比特罗布里恩群岛布料有着更高的制作要求）。通过这两个例子，韦纳（1989年：第62页）要解决的问题是：为什么被用以象征权威和亲属身份的事物是被她称为“软财富”的织物，而不是能维持更久的“硬财富”。韦纳表示，正是织物的暂时性这一特征使其成为有效的象征，因为这种暂时性捕捉到了权力的脆弱性。两个案例中所使用的织物均具有一定的持久性，但当它们超过个体的寿命时，布料的特性就将“随着其腐烂并分解，给个人与家族的历史带去人生终极不完整性的现实”（韦纳，1989年：第63页）。

尽管这一语境与笔者先前在本章中所概述的那种区别很大，但有关织物“如何有效地物化永久性和暂时性”的概念仍可适用于牛仔裤如何调解人际关系的问题。从各种层面上来讲，牛仔裤都承载着前穿着者的痕迹；最转瞬即逝的方式是被穿过以后直接留下鲜活身体的痕迹，此时布料仍保存着体温并带有身体的气味，但这些会随着牛仔裤的清洗而消失。而持续穿着牛仔裤，织物本身也以一种更持久的方式保留着穿着者的痕迹，活动的身体会引起特定身材和特定用途的穿着模式，以及布料的磨损。较为短暂的身体痕迹与更加持久的身体运动痕迹共存。以乔治娅为例，她穿牛仔裤是为了获得与不在自己身边的情人相联系的感觉，但与此同时，他的生活痕迹无法留存下来，并且她必须归还牛仔裤，这让她同时意识到这段关系本身也是转瞬即逝的。牛仔裤很有效地调节了这种矛盾情绪，这是因为矛盾情绪是牛仔布固有的属性——牛仔布既软又硬；它具有持续性，但不能永久持续下去。在前文的所有例子中都存在这种属于他人的短暂痕迹的意义，即穿别人的牛仔裤这一行为能使人与人之间的关系变得非正式。例如，维维恩的牛仔裤已经被好几个人穿过，并因此使不同的家庭分支及家庭成员相互关联。韦纳主要关注布料的制作与交换，而在笔者的民族志研究中，虽然物品在不断传递，但重点是服装的穿着以及身体与服装之间的关系。通过这种动态关系可见，牛仔裤在其韧性和相对耐用性之间的相互作用中不断变化，其形式与质感也随之变化，并且随着纤柔的细线逐渐显露出来，牛仔裤也经历了变化和老化的过程。

结论

本文将“牛仔裤学”的概念作为工具，思考牛仔裤如何外化并帮助处理某种特定类型的关系。最广泛使用的典型谱系需要直接追溯一个家族的始祖。在进化意义上，甚至在通俗意义上，这被理解为追溯一个家族的先辈以试图描绘家族祖先。本文所提出的牛仔裤学有些不同。韦纳和施奈德指出，在西方，服装并未表达具有“祖先权威以及长时间繁衍”的族群的连续性（韦纳和施奈德，1989 年：第 11 页），两人以此体现谱系的经典人类学意义。然而，我在此思考的是更加流畅、更加非正式的关系。维维恩就是一个恰当的例子。她的女儿现在已和送给她牛仔裤的男友分开了，而这条牛仔裤也已经被穿破了。在许多情况下，由于要记住某个人的愿望比很快就破掉的服装更为长久，服装的生命历程和关系的生命历程之间并没有如此直接的关联。但这个例子确实突出了关系的暂时性，而这些关系并不存在于正式的谱系中。笔者在本文中追溯的牛仔裤学是非正式的、非暂时的和不完整的，它们可能包括不完整关系的片段。这一点特别适用于“男友风牛仔裤”的情况，因为穿这种牛仔裤的主要是年轻女性，而且男女朋友关系非常容易终止。

这三个例子都展示了女性通过服装来协商人际关系的不同方式。对斯蒂芬来说，这关乎与某个特定的人的关系，也就是和她男友的关系，但牛仔裤只是一种手段，可以扩大自己服装的可能性。相反，关系则是一种用来扩大自我可能性的手段［奥斯廷（Osteen），2002 年］，因为服装是能够被用于协商关系的物质手段。个体与同他人的关系不会相互排斥，但女性会利用与他人的关系来构建个人审美。斯蒂芬和维维恩的例子有一个共同点，即两人都用原本属于他人的牛仔裤来跳出主流时尚，并利用牛仔裤较缓慢的生命周期来做到这一点。即使商业试图通过做旧等方法来利用牛仔裤缓慢老化的过程，但对于笔者研究中的许多女性受调查者来说，这样做意味着不真实，因为快时尚意在重提牛仔裤的个性化和渐变过程。在米勒和伍德沃德（2007 年）的文章中，我们探讨了当人们感到最脆弱和脱离社会关系时如何利用牛仔裤的通用性来使自己重新回归世界。一个有关民族志的例子也论述了这一点：某人对于穿什么去参加派对犹豫不决，最终选择穿一条新的牛仔裤。而在本文中，笔者探讨的是如何利用牛仔裤承载前穿着者的能力，将个体与特殊关系重新连接起来。虽然在某些场合，穿牛仔裤可能是为了打造一种独特形象，但在其他时候，穿牛仔裤显然能够缓解与他人失去联系的问题，因为牛仔裤能够表达这种脆弱感，并使个体重新相连。从更广泛的意义上讲，许多人认为人际关系的规范、传统和准则越来越少，这表现在婚姻等传统制度的衰落以及这些制度含义的不断变化中。同时笔者认为，在此讨论的一些例子中，除了这种确切传统的衰落之外，针对“一段关系应该是怎样的”这个问题，还存在着持久的规范性期望。自相矛盾的是，安全感随着对许多传统的期望值降低而减少，但规范化的观念与不平等现象始终并存。尽管亲密关系和交往方式发生了变化，但这种关系远非吉登斯所提出的自由选择。本文所谈论的例子中，牛仔裤能够调解依赖与独立之间、爱的负担与支持所带来的安慰之间［正如贝克和贝克－格恩斯海姆（Beck and Beck-Gernsheim，1995 年）所阐述的那样］，以及脆弱性与连结性之间的多重矛盾。

参考文献

［1］Beck, U. and Beck-Gernsheim, E.(1995), *The Normal Chaos of Love*,

Cambridge: Polity.

[2] Clark, H. and Palmer, A.(eds)(2004), *Old Clothes, New Looks. Second Hand Fashion*, Oxford: Berg.

[3] Clarke, A.(2000), ' "Mother swapping" : the Trafficking of Nearly New Children' s Wear' , in P. Jackson, M. Lowe, D. Miller and F. Mort (eds), *Commercial Cultures*, Oxford: Berg.

[4] Corbman, B.(1985), *Textiles: Fiber to Fabrics*, New York: McGraw–Hill.

[5] Corrigan, P.(1995), 'Gender and the Gift: The Case of the Family Clothing Economy' , in S. Jackson and S. Moores, *The Politics of Domestic Consumption*, London: Prentice Hall.

[6] DeVault, M.(1991), *Feeding the Family: The Social Organization of Caring as Gendered Work*, Chicago: University of Chicago Press.

[7] Duncombe, J. and Marsden, D.(1999), 'Love and Intimacy: The Gendered Division of Emotion and "Emotion Work" ' , in G. Allan (ed.), *The Sociology of Family Life*, Oxford: Blackwell.

[8] Giddens, A.(1991), *Modernity and Self-Identity*, Cambridge: Polity.

[9] Giddens, A.(1992), *The Transformation of Intimacy: Sexuality, Love and Eroticism in Modern Societies*. Cambridge: Polity.

[10] Gregson, N. and Crewe, L.(2003), *Second-Hand Cultures*, Oxford: Berg.

[11] Hatch, K.(1993), *Textile Science*, Minneapolis, MN: West Publishing.

[12] Heaphy, B.(2007), *Late Modernity and Social Change: Reconstructing Social and Personal Life*, London: Routledge.

[13] Holland, S.(2004), *Alternative Femininities*, Oxford: Berg.

[14] Hollway, W.(1984), 'Gender Difference and the Production of Subjectivity' , in S. Jackson and S. Scott (eds), *Feminism and Sexuality: A Reader*, Edinburgh: Edinburgh University Press.

[15] Jackson, S (1996), 'Heterosexuality as a Problem for Feminist Theory' , in L. Adkins and V. Merchant (eds), *Sexualizing the Social: Power and the Organization of Sexuality*, London: Macmillan.

[16] Jamieson, L.(1998), *Intimacy: Personal Relationships in Modern Society*, Cambridge: Polity.

[17] Levy, A.(2006), *Female Chauvinist Pigs: Women and the Rise of Raunch Culture*, New York: Free Press.

[18] Miller, D.(1997), 'How Infants Grow Mothers in North London', *Theory, Culture and Society* 14(4): 67–88, London: Sage.

[19] Miller, D. and Woodward, S.(2007), 'A Manifesto for the Study of Denim', *Social Anthropology*, 15 (3 December): 1–10.

[20] Osteen, M.(ed.)(2002), *The Question of the Gift*, London: Routledge.

[21] Stanley, L.(1992), *The Auto-biographical I*, Manchester: Manchester University Press.

[22] Sullivan, J.(2008), *Jeans: A Cultural History of an American Icon*, New York: Gotham Books.

[23] Weiner, A.(1989), 'Why Cloth? Wealth Gender, and Power in Oceania' in A. Weiner and J. Schneider (eds), *Cloth and the Human Experience*, London: Smithsonain Institute Press.

[24] Weiner, A and Schneider, J.(eds)(1989), *Cloth and the Human Experience*, London: Smithsonain Institute Press.

[25] Woodward, S.(2005), 'Looking Good, Feeling Right: Aesthetics of the Self', in S. Kuechler and D. Miller (eds), *Clothing as Material Culture*, Oxford: Berg.

[26] Woodward, S.(2007), *Why Women Wear What They Wear*, Oxford: Berg.

— 8 —

萝卜型牛仔裤：从民族志的角度描述柏林工人阶级男青年身份中的自信、窘迫与模糊性

莫里茨·埃格

引言

丹尼尔·米勒和索菲·伍德沃德（2007 年：第 341–342 页）改编了格奥尔格·齐美尔（Georg Simmel）对时尚的经典思考，指出牛仔裤几乎遍布全世界的现象为人们提供了多种不同的方式来调解从众心理与个性两种相冲突的社会文化力量。例如，伍德沃德在对英国的研究中引用了一个熟悉而低调的例子，说明牛仔裤让女性“摆脱了”不断感受到的“错误选择与焦虑的自我构建二者所带来的负担”（米勒和伍德沃德，2007 年：第 343 页）。在经验方面，作者认为这种相冲突的力量表现在各地不同的“焦虑类型”之上。基于对少许经验和地方—全球动态的人类学感知，他们提倡从牛仔裤这种独特的服装入手，探讨这些焦虑类型的具体变化形式，也提倡收集“人们在处理某些现代性矛盾时所作出的回应”（米勒和伍德沃德，2007 年：第 348 页）。本文正是关于这一方面的内容，主要从民族志角度阐述了一种特定类型牛仔裤（萝卜型牛仔裤，即一种臀部和裆部相对紧身的高腰裤，朝膝盖部位略微加宽，再向下摆处变窄，大致呈萝卜的形状）和一个特定品牌（皮卡尔迪）在柏林（更广泛地说是在德国）大量男孩和年轻男士中的风靡，先是在少数族裔青年人中流行，然后越来越多地与德国的“匪帮说唱”有关。

在描述这一背景下的习惯与差异时，笔者还提出了“焦虑”的概念，并将其拓宽至社会领域，同时考虑到其他人对这些牛仔裤所代表的风格所作出的回应和判断。由于这种亚文化风格涉及自信、异常行为、种族主义、阶级蔑视甚至阶级厌恶的问题，这些回应变得相当激烈。[①] 虽然这一简短的分析仅仅是对该现象的简要介绍，但开展整个项目的目的在于加强对文化进程的理解，这些文化进程在日益多元化的欧洲社会中共同构建了后工人阶级的身份与形象（见下文）。在欧洲社会中，社会经济力量和活跃的新自由化福利制度使得社会不平等的断层线——无论在阶级还是种族方面——愈发明显。[②] 在公共话语的表述中，这涉及后福特主义时代下的共同问题：“移民融合”（*Integration von Ausländern*）以及“新下层阶级”的出现和随之而来的社会管理 [参见 2004 年诺尔特（Nolte）推动的政策辩论]，具体体现为越来越明显的惩戒式—家长式公民身份。

本文第一部分，笔者简要阐述引发这些本土“焦虑类型”的情况，包含当地移民青年的文化历史与美学的部分特点、国际说唱音乐流派的发展以及一个小型企业的跨国史。笔者还详细描述了人们穿萝卜型牛仔裤的一些方式，以及这些方式与其他选择之间的差异关系。第二部分采用个案研究的形式，着重描述一个独立个体，以此表现复杂性以及生活与世界的关联性。在经验层面上，笔者强调了个案主人公所传达和表明的有关强硬与异常行为的模糊性动机。在笔者的分析中，这种模糊性动机在围绕着“皮卡尔迪风格”的整个文化动态中发挥着重要作用。[③] 第三部分将谈论其他更似中产阶级的或更有社会地位的人如何看待萝卜型牛仔裤及其代表的风格——这个术语笔者用得很多。从更广泛的意义上说，这触及了归类与困境的观念，因为这些观念与当代一系列的文化、阶级、种族和性别等事物有关。从分类文化动态的分析视角 [布迪厄，1984 年；尼科尔（Neckel），2003 年] 和形象塑造来看，笔者主要采用了来自美国人类学家约翰·哈蒂根（John Hartigan）的文化形象与形象塑造概念，显然包含广泛的思想文化史。约翰·哈蒂根认为：“形象使人关注人们如何思考其身份与在文化背景下传播的有效图像之间的关系”。在德国，这方面的一个关键归类是“Proll”一词，该词自20世纪70年代以来被沿用至今。更深入地说，这个词保留了其词源（无产阶级、工人阶级），但其外延意义主要是在行为和表现层面。字典将“无产者（Prolet）”列为“不讲礼貌的人”，将“Proll”列为“粗鲁的、未受教育的、庸俗的人”[杜登（Duden），1999年：第3024页]。这些术语的使用在不断变化，而且不精确，正如笔者将论述的那样，其暗示了一些不确定性或焦虑。柏林的案例从某些方面来看是独特的，甚至在德国也是如此。类似的社会文化“塑造”进程正发生于众多欧洲国家，最知名的例子是英国的“傻帽”（chav）形象，兴起于2004年左右[泰勒（Tyler），2008年]。

萝卜型牛仔裤：从“马鞍型”（Saddle）到“兹克型（Zicco）”，从迪赛到皮卡尔迪

通常情况下，叙事属于现象的一部分。皮卡尔迪的故事是当地传说的一部分，通过口头叙述和少量新闻报道传播开来。皮卡尔迪牌的萝卜型牛仔裤[④]从迪赛牌牛仔裤的一种牛仔裤版型（马鞍型）发展而来，至少从20世纪80年代中期以来，尤其受到土耳其人、阿拉伯人以及其他有移民背景的青年人的持续追捧，但一般来说，在相当一段时间内，它一直被其他许多注重时尚的年轻人、新闻界人士以及时尚界人士认为是过时的。20世纪90年代末，在迪赛公司停止销售这种版型的牛仔裤之前，一家名叫“不插电（Unplugged）”的小型地方零售商仿制了这款牛仔裤，并更改了品牌名。该零售商从一家名叫皮卡尔迪的伊斯坦布尔制造商那里订购了一批这种款式的牛仔裤。皮卡尔迪公司成立于1988年，但并没有一直制造这款牛仔裤。自此，这家零售商店在柏林克罗伊茨贝格区（Kreuzberg）已经发展为一家小型零售连锁店，拥有20家分店、一家线上经销店和少数位于其他城市的专卖店。此外，尽管颇具争议，皮卡尔迪在德国已经从一个默默无闻的制造商的名称（其排版形式是为了模仿一个著名品牌）转变成了一个相对知名的品牌。[⑤]

在城市社会互动的众多舞台之上，一般的萝卜型（Karottenschnitt）牛仔裤，尤其是皮卡尔迪品牌的萝卜型牛仔裤，在土耳其人、阿拉伯人及其他有移民背景的男孩和年轻男士中获得了同时标志着种族和生活方式认同的地位，他们当中的大多数均来自工人阶级，家庭收入相对较低。[⑥] 在逆境中创建身份时，萝卜型牛仔裤起到了重要的作用。许多顾客将自己的服装描述为“黑帮风格”或“匪帮风格”，这意味着与有组织犯罪、影子经济、各种国际流行文化中登记在册的黑帮或匪帮人物之间存在某种假想联系或真实联系。另一个常用的术语是“黑人风格”（Kanakenstyle），虽然它在一定程度上已被重新定义，但仍然带有冒犯性的种族主义侮辱。在最初的宣传广告和店铺装饰中，皮卡尔迪公司张贴了电影《疤面煞星》（*Scarface*）的截图，并且强调其产品低廉的价格，开玩笑式地将自己与一家折扣连锁超市做了对比 [广告语：不选阿尔迪，选皮卡尔迪（Nix Aldi，Picaldi！）]，最终将匪帮指称作为其发展基础。皮卡尔迪的牛仔裤比迪赛所售的马鞍型牛仔裤便宜许多，大约便宜 35 欧元，或者是迪赛牛仔裤的半价。

皮卡尔迪发现了第二大忠诚客户群体，主要是东德（柏林东部和德国东部）的德国工人阶级年轻白人男性，其中许多人生活在移民人数少、平均收入相对较低、失业率高的地区。这种特定风格从移民的下层阶级或工人阶级的环境往一个本土的下层阶级或工人阶级群体传播扩散，跨越了社会领域，并绕过了具有象征意义的中心部分，因而具有横向特征。从表面来看，这种利基市场的组合似乎令人惊讶，因为后者群体中普遍存在反移民和种族主义的情绪。就皮卡尔迪最初的客户群来说，这种款式的服装早在皮卡尔迪公司开始生产前就已流行开来。因此，风格方面的实践和创造性似乎相对独立于商业战略。在东德的例子中，存在着一种关于社会环境特定审美偏好的特殊连续性，与男性身体形象、动作序列、自我呈现的整体风格相联系。这在一定程度上解释了此类牛仔裤及其代表品牌的流行，跨越了难以突破的种族界限。

从社会经济与职业角度来看，皮卡尔迪的客户群有些多样化，但主要来自工人阶级和中下层阶级（当然不止这些）；而从教育系统来看，主要来自职业初中和职业高中［包含初级中学（*Hauptschulen*）、实科学校（*Realschulen*）和职业学校（*Berufsschulen*）］。许多曾被笔者采访过的皮卡尔迪员工的观点，以及笔者于 2007 年底完成的一项小型客户调查（约有 100 名受访者）的结果都证实了这一假设。令不少公司领导和员工感到懊恼的是，在圈外人和各大媒体眼中，“皮卡尔迪”的含义狭隘得多，仅代表由救济金领取者和暴力罪犯所构成的“下层阶级”。例如，《法兰克福汇报》（*Frankfurter Allgemeine Zeitung*）曾用皮卡尔迪牛仔裤的高昂价格来例证一篇关于失业者和救济金领取者生活状况的报道［《哈茨 4 号方案》（*Hartz IV*）］，而媒体的各种其他文章也重申了这种关联（图 8–1）。[7]

图 8–1 插图 2：2004/2005 年皮卡尔迪广告

一种款式的牛仔裤：形状与特质

所有这一切都没有脱离所讨论的牛仔裤本身——它的形式、它所塑造的男性身体美感以及这款牛仔裤在其他刻意没有选择的可选牛仔裤中的相对位置。皮卡尔迪公司销售的这款名为“兹克”（Zicco，不同版型还有许多其他名称）的牛仔裤通常被称作萝卜型牛仔裤（Karottenschnitt），[8] 是高腰的，比其他款式的牛仔裤剪裁更合身。其臀部和裆部相对紧身，朝膝盖部位加宽，再向下摆处变窄。[9] 与其他男士萝卜型牛仔裤相比，兹克型牛仔裤尤其能凸显这些特征。随着时间的推移，皮卡尔迪还推出了多种多样的颜色、染色、贴花和印花，以及米色或浅蓝色灯芯绒等一些其他的布料。

大多数销售人员都认为兹克型牛仔裤本就适合高腰穿着。根据穿着者的体型以及同其他服装单品的结合，兹克型牛仔裤可以打造不同的造型；许多“大个头”按照设计师最初的意图穿着高腰兹克型牛仔裤，并搭配针织毛衣、有腰带的运动衫（有时会将运动衫扎进牛仔裤里）、飞行员夹克、学院夹克或者棒球夹克，这样做能在上半身制造出“V”型效果，凸显出窄腰宽肩。正如人们所说的那样，这样穿“显得更强壮”。大多数销售人员和顾客经常在店里谈到，这种裤子看起来具有运动风（*sportlich*），有男子汉气质（*männlich*），特别显身材（*figurbetont*），这些都常常出现在商店里的对话中。男人的外形要“体格宽大”（*breit gebaut*），正如设计师所戏称的，要“像米其林轮胎先生一样”（后面笔者会再次提及这个戏称的人物）。兹克型牛仔裤的整体外观类似于运动裤或者健美运动员常穿的轻便型裤子。许多顾客，尤其是年轻顾客，腿较瘦，肩膀较窄，体格不够健壮，因而撑不起这种裤子。尽管如此，他们还是会以高腰方式穿这种牛仔裤。这种裤子的面料在大多数版型中并不算很厚重，稍微有些下垂，会随风摆动，因而裤子看起来更宽大，进而体现出不同的身体外形。不过，这些体形仍与上述设计有关。一位皮卡尔迪的代言人在一则采访中说道：“穿着那种牛仔裤，自然而然就显得气宇轩昂：强健的大腿、好看的臀部、从容的步伐，这一切都凸显了阳刚之气。”[10] 然而，许多人穿 T 恤的时候没有扎进牛仔裤，或者穿毛衣和夹克时未系腰带，外观看起来就不那么突出了（图 8-2）。[11]

穿兹克型牛仔裤的第二种选择是购买尺寸更大的牛仔裤。当然，这

图 8-2　兹克型牛仔裤，低腰穿着；2008 年春 / 夏季皮卡尔迪商品目录，S.6

样穿会比较宽松，且穿着者可以将牛仔裤穿在较低的髋部位置，这种穿法差不多让人想到吊裆裤，只是没有吊裆裤那么宽、那么长。

上述不同群体的审美倾向本身是引人注目的，因为它们从根本上反驳了许多关于青年文化中的后现代无阶级倾向的说法。但如果这些倾向没有在嘻哈音乐或说唱音乐的其他融合发展中得到强化，它们可能就不会有如此重大的意义，嘻哈音乐或说唱音乐在其发展过程中发挥了至关重要的作用。到目前为止，这一显著的口头语类型是在青年文化的大部分中占主导地位的习语，并细分为各种不同的情况。这种口头语类型对皮卡尔迪的意外扩张至关重要。皮卡尔迪牛仔裤逐渐与几位在商业上获得成功的当地说唱艺术家有了一些散漫的联系 [他们大多都是匪帮说唱歌手]。在此过程中，皮卡尔迪这个品牌不仅得到了推广，而且与这些说唱歌手的对抗型自我塑造模式所具有的特质紧密相连。

笔者无法充分描述这一情形，以及它在此所体现的美学价值或政治意义。在 21 世纪最初的几年里，国家关注的焦点转移到了柏林。简单来说，人们普遍认为以前曾在德国说唱界中占主导地位的情形是以一种根本上非真实的 [12] 方式在做说唱——如库尔・萨瓦斯（Kool Savas）所说："德国所有的说唱歌手（MCs）都是同性恋者"（Alle MCs sind schwul in Deutschland）。[13] 然而柏林的说唱歌手并没有那么多有关政治正确的禁忌，说唱技巧也更好，并且大多具有真正的"街头"背景。关于自我定位的动机，主要由武士道（Bushido，德国说唱歌手，译者注）提出的一种说法与服装有关。根据他的观点，就像其他人缺乏证明自己是"真"说唱的经验背景那样，他们穿上美式风格的吊裆裤、"赝品"服装，而"真正"了解街头的匪徒和罪犯却穿着诸如科登（Cordon）和皮卡尔迪这样的品牌。这种差异在身形和体格级别上也有体现。直筒吊裆裤以"低"至髋部的穿法著称，通常还会更低，因此臀部形状十分难辨。其轮廓从鞋子到肩膀为 A 字型（就像鞋比头大的经典涂鸦人物形状），而不是如"胡萝卜"裤型那样，皮带以下是"胡萝卜"型，皮带以上是 V 字型。穿着胡萝卜型裤子的人，"裤子里臀部形状清晰可见"（*einen Arsch in der Hose*），这是一句意指勇气与自信的德国习语。[14] 因此，在这种语境下，胡萝卜型牛仔裤和吊裆牛仔裤之间存在某种对立关系，无论这种对立被认为是严肃的还是闹着玩的。相反，胡萝卜型牛仔裤和直筒牛仔裤之间的差异关系主要源于一种次序，而非对立；此时，年龄段和身份变化开始发挥作用。皮卡尔迪的许多顾客年龄在 16 岁至 22 岁，他们放弃兹克型牛仔裤转而选择直筒牛仔裤，这或许标志着风格与态度的整体变化。这种差别反映了牛仔裤产业的文化主位类别，而非总体类别。

塔雷克（Tarek）的案例

在这种背景下，这些牛仔裤生活世界的关联性由什么组成呢？在此过程中，哪些差别和哪些亲密形式被创造、支持、挑战或分解了呢？具体而言，这种显著的“本土焦虑类型”的特征是什么？为了弄清这些问题，并于经验层面上找出答案，笔者选择了一种叙事性的案例研究方法。笔者想要关注的人是笔者在实地研究期间遇到的一位年轻男士——20 岁的塔雷克·M。他不是某一社会群体或某种体型的全面“典型代表”，而是一个复杂案例，是一位多元化的人（*homme pluriel*）[拉希尔（Lahire），2001 年]。尽管如此，笔者认为他的例子的确证明了一些主体间的动态，而这些动态是总体背景的一部分。

塔雷克出生于柏林西南部一个相对“安静”的地区，由黎巴嫩父亲和德国母亲抚养长大，他的父母在附近经营一家小型杂货店。他是四个兄弟姐妹中最小的。在笔者和塔雷克时常见面的那一年里，总体而言，他一直处于从学校到职场的困难过渡期。他大多时候与父母住在一起，在父母的商店里帮忙，但没有工资。他没能得到自己所期望的汽车推销员学徒身份，也没能通过梅赛德斯 - 奔驰（Mercedez-Benz）工厂的入职考试。每年只有少数申请人能够通过该入职考试。

象征性边界与社会关系

关于风格—身份—地点—关系，塔雷克回顾了从小学过渡至中学时所发生的巨大变化。在七年级时，学生会进入中学（*Oberschule*），根据他们的成绩和教师对其能力的判断，他们会进入不同的学校。塔雷克进入了一所初级中学，是三类学校中门槛最低的一所。他说道，在那里不可避免地会遇到来自其他地区的人，于是大家开始自发根据风格特征进行分类、建立关系和结盟。那时，在塔雷克所在的班里，有被认为是“德国人”的群体，也有被非正式地认定为“外国人”的群体（即新移民的后裔，其中许多人还没有取得德国国籍），两者之间有着明显的社会与空间区分，表现在多个方面，座位安排就是一个例子。“德国人”约占班上人数的三分之二。与此同时，酷与不酷之间的区别也很重要。在他看来，首先，男孩中新兴的服装图案是明显的种族问题。“根据衣服就能立即分辨出学生属于哪个群体。我们通常穿深色衣服，神秘又休闲（lässig）。”两种学生群体间的这种差异似乎充斥着来自各类媒体的话语、形象和影响，这些媒体包括电影、音乐和当地的故事传说等。当时柏林说唱的地方性话语就是一种特别简单易懂又吸引人的方式，帮助人们理解其周边环境。此外，塔雷克小学至中学的过渡期和随后的几年恰逢皮卡尔迪风格的兴起，及其在嘻哈界环境下的日益语义化。如上所述，与吊裆牛仔裤相反，皮卡尔迪的胡萝卜型牛仔裤在这种语境下成为一个至关重要的区分标志。在这个特殊的例子中，亚文化和种族的区别与笔者所概述的版本高度一致：“位于前面的人（他指着草图上的另一群体），他们有着（令人有点厌恶的）滑板裤、滑板毛衣以及类似的服装”，塔雷克说道。

他记忆中的教室情境突出了对于这种象征性界限的潜在感情倾向，这表明他多少能够意识到自己处于较低的社会地位，或者自己走的路线有问题。很难忽视有关歧视的基本事实：从种族主义暴力到结构性排斥的小规模影响。例如，在“移民”学生群体中，唯有他拥有的公民身份能使他有资格参加学校的出国游。另外，在经验层面上，塔雷克还谈到了“外国人”的优越感、声誉、审美和权力（diese Macht bei den Ausländern），这呼应了其他的民族志说法。尽管他和朋友在数量上是少数派，但出于种种原因，尤其因为他们的自信（Durchsetzungsfähigkeit）和凝聚力，他认为他们在课堂上拥有相互影响的权力（而不是制度性权力），甚至占支配地位。此外，他们拥有所谓的文化魅力，相当于象征性力量的另一种形式。这一观点得到多方证实，例如，德国人模仿移民青年的（语言、服装）风格模式被认为是“想要成为土耳其人”，这一话语体系就证明了以上观点。同时，各种民间传说与描述也证明了上述观点。近年来，男性“昂首阔步”的概念在美国流行文化语境中得到复兴。它捕捉到了存在于自信特质、“男性”体型与皮卡尔迪牌胡萝卜型剪裁之间的同源性 [斯凯格斯（Skeggs），2004 年]。这个经验世界里的诸多其他方面也值得考虑，例如，“外国人”的凝聚力相对于德国人的个人化与不合群所具有的话语动机 [苏特尔吕特（Sutterlüty）和沃尔特（Walter），2005 年：第 194 页]，人们还可以尝试追溯其原因。不过本文不会谈及这一点。在此，笔者提到了这些同时涉及排斥和自信的经历，以便具体说明一个普遍事实，即特定服装（如一条胡萝卜型牛仔裤）的文化含义依赖于构成象征性界限基础的情感。此外，身份与他异性的文化符号在着装规范中有所显现，这些符号不仅与象征性的虚构（亚文化、种族）社区、亲缘和人物相联系，而且与“真实”群体，以及人与人之间的互动型网络有关。教室是一个重要的场景，城市社交的场景形式也是如此，当然还包括家庭关系、朋友关系和伙伴关系。由于塔雷克的财务状况，购物对于他的社交圈中的大多数人而言是一个敏感话题。考虑到这一点，家庭和朋友关系网的重要性则变得显而易见。由于没有主要的收入来源，塔雷克基本上依靠其他人的金钱援助，并且他这样做已经很长时间了，超出了合适的范围。因此，为他提供服装的不再是他的父母，而是他的姐姐。他的姐姐为他购买牛仔裤之类的必备服装，钱充裕时还会购买更昂贵的名牌服装，如十分流行的针织羊毛衫。总之，这种赠送礼物的行为是家庭互惠的一部分，既实际又理想化：她希望自己的兄弟看上去不错；他也关心着她的幸福，例如，经常充当她的司机。当然，这并不代表着家庭冲突从未发生或很少发生，但它在一定程度上显示了一件件服装不仅具有情感价值，还体现着爱、关心与控制的人际关系。这种关系超越了家庭范围；与诸多其他人的情况一样，在塔雷克的例子中，像夹克、运动衫、裤子、手表及珠宝等服饰都可以在核心朋友圈中交换。这一切让人们了解到一个事实：尽管象征性的界线具有肤浅和偶发的特征，但仍然非常重要。这一切也让人们明白了为什么在这种情况下身份容易受到伤害。

化身、形象与伦理

另一个引发热议的问题更普遍地涉及关联文化类型这一做法的规范性：仿制、模仿、复制、仿真或塑形。在话语性和物质性过程中，人们基于一些人物（包括明星和文化英雄）来构建自己的身份，塑造自己的身形，从视觉、听觉和情感等方面积极地与他们产生联系。众所周知，这样做的同时也面临着实际的挑战，会直接导致有关从众与个性的规范问题甚至道德困境，而这些问题普遍存在于青少年的生活中。例如，塔雷克生动地讲述了存在于说唱音乐所表现的形象、人们的现实生活以及此类描述的作用三者之间的关系。从这个方面来说，由于德国匪帮说唱迅速兴起，过去几年曾是一个动荡时期。当谈到像阿扎德（Azad）、武士道和马西夫（Massiv）这样的说唱歌手时，许多重要的观察家想弄明白三人中谁的商业计算在起作用？谁是受益者？（就偏见和刻板印象而言）一般成本是多少？谁又承担了这些成本？同时，塔雷克对关于外国人的刻板印象也很感兴趣。他低声告诉我，他一直在更仔细地、更具批判性地聆听说唱歌词及其含义。说到人们如何谈论大众文化传播的文化名人时，他认为许多人（年轻男性，尤其是有移民背景的年轻人）在“忠实反映”（widerspiegeln）说唱音乐时会夸大其词。任何曾经看过说唱论坛或在线视频评论区的人都看得出来，伪黑帮（Pseudo-Gangstertum）问题在更大的说唱音乐圈里引起了热议[参阅安德鲁索普洛斯（Androutsopoulos），2005 年：第 172 页]。塔雷克继续说道，人们认为武士道“反映了”街头文化，但实际上情况恰好相反：人们会追随武士道的一举一动，模仿他的任何行为。令他生气的是，人们做了他们原本不会去做的愚蠢和暴力之事，开始了一种军备竞赛，显示出人们的疯狂与极端程度，而且，他们这样做就像绵羊一样容易受人摆布（这一点不同寻常，非常重要）。

在塔雷克的理解中，“忠实反映”这种做法表现在越来越多的人携带刀具的现象之上，也表现在独特的行为举止与服装之上。“在这种说唱出现之前，事情并非像现在这样。当时，可能有三分之一或者二分之一的人穿着阿尔法夹克（Alpha Jacket），而且只有成年人、大个子、健美运动员和保镖等人才有阿尔法夹克。但是现在，突然之间每个人都有了一件。”[15] 这种街头服装的军备竞赛表现出的是人们的模仿与认同感，但是，这种模仿与认同感是有问题的，显得自以为是而尴尬不堪的，从根本上讲是有害的。塔雷克认为，与许多其他人相比，他发现音乐原本的恶意影响与他在风格方面的做法本质上是不同的。在早先的一次会面中，笔者注意到塔雷克自己穿着阿尔法工业（Alpha Industries）的夹克，于是向他提出了质疑，问他所说的典型“文化受骗者”究竟在何种意义上跟他自己如此不同。就其他人无法分清现实和虚构而言，笔者认为他和他的朋友似乎也没有能力分清。据笔者所知，他们也喜欢以某种方式给人留下强硬的印象。“哦，我知道区别（他后来说，这是家庭熏陶的问题）。但你知道，为了把人吓跑，我会把他们在音乐中所说的变成行动。你可以把他们吓跑，真的就是这样。”

笔者问他指的是哪种情形，他谈到了与城外人会面，他相信这些城外人被吓到了，真以为柏林既粗野又偏激。而他喜欢去“证实”这种刻板印象。“接着，我不自觉地做出强硬的样子。当他们……你知道吗？我何必要让自己看起来比实际上弱小呢？”然后他继续谈论来自遥远的东部街区的人，正如他在别处所指出的那样，这些街区以德国白人工人阶级“强硬派”和反移民暴力两方面的街头统治而闻名。

“你知道我并不清楚，（这些人）可能来自马尔灿区（Marzahn）……随后我说，那我不表现自己……我们不是小妞（Küken）！然后我就表现得十分强硬。‘我来自滕珀尔霍夫区（Tempelhof）’，你知道……这很正常。但我不会把玩刀子之类的东西”。

显然，这是一种口头姿态。同时，这种在增增减减的说法之间的来回变化体现的不仅是修辞，也是一种模棱两可。值得注意的是，当他使用像“再强硬一点”（einen auf hart machen）这样的短语时，他强调了行为水准。[16] 在青年用语中有许多这样的隐喻，以某种方式把有意图的主体与该主体的行为举止区分开来。在这些隐喻中，主体控制其行为举止和想象的沉浸性的程度，以后两者反过来控制主体的程度是不同的。[17] 服装是应对此问题的一种做法。在歧视、种族主义、阶级仇恨或消极分类的背景下，无论从实践上还是规范上来看，涉及文化名人的问题都是高度敏感且意义重大的。笔者将在本篇文章的以下部分阐述这种关系。

模糊性

塔雷克羞怯地笑着说："他是一个好男孩吗？他不是一个好男孩吗？没人能知道，这就是我想要的。"他所指的是一种在说唱中常常出现的陈词滥调，并且以其简缩形式"他是个好男孩"（Ersguterjunge）成为武士道唱片公司的名称。塔雷克的女朋友施特菲（Steffi）在其笔记本电脑上使用了该表达的女性化改编版作为登录名：她是个好女孩（Siesgutesmädchen）。关于对他来说是真正重要的事情及其价值观，笔者曾询问过他。下面这些话关于他"维护面子"和保持清白的观点。

塔雷克：这是最重要的事情。但有些人却不这么做。我指的是维护面子，还有……例如，就我而言，好像没有什么坏话可以用来说我。[莫里茨：嗯。] 关于我……也许我在干坏事，但没人知道。[莫里茨轻笑] 你知道吗？这很正常！只要你对我一无所知，你就不能说三道四。你能猜想我在干什么，但你不清楚，你不知道我到底在做什么。你懂吗？[莫里茨：是的。] 而这就是老生常谈的问题。他有活可干吗？他没有吗？他是个好男孩吗？他不是个好男孩吗？[莫里茨轻笑] 当谈论我的时候，这仍是一个开放性的问题。没人知道答案。

莫里茨：你还是个谜？

塔雷克：对于很多人来说是的。

莫里茨：那么，这对你来说很重要吗？

塔雷克：是的，它就该一直如此。

这里有一个明显的情境反讽：在此次采访中，笔者是一名研究人员，从年龄、种族、文化背景等各个方面来看，笔者也是一名局外人。笔者试图找出塔雷克生活里的各种细节，但发现自己与塔雷克所谈论的那位一无所知的无名氏“你”[*du*，有时不规范地称为“他”（*er*）] 几乎处于同样的处境。从这个意义上讲，他的言论就是在评价笔者与塔雷克之间的关系以及塔雷克与周围其他人之间的关系。

在这两种情况下，这种模糊性比喻的是“自我展示”与“印象管理”的问题（戈夫曼，1959 年）。尽管这种模糊性明显暗含着青少年的幻想，但仍然应该重视塔雷克通过“印象管理”营造出的模糊性，原因至少有两个。首先，在塔雷克生活的世界中，极端强硬与暴力带有一定的严肃性，这不仅指包括塔雷克在内的人会不时地参与打斗，还指存在一定程度上接近犯罪的情况。举个例子，在我们谈话期间，塔雷克姐姐的男友就因暴力袭击正在服刑，而他通过更广的朋友圈和表兄弟们认识了一些与犯罪团伙有关的人，这些团伙是该市有组织犯罪的重要组成部分，特别是在毒品交易方面。其次，与此相关的是，模糊性应被认真视作一种文化形式，因为除去其明显的社会成本之外，它具有赋能特质，有助于我们理解这些牛仔裤（作为更大场景中的一个要素）在主观层面和经验层面上究竟是什么。

斯宾诺莎（Spinoza）曾提出著名假设，即权力指的是行动、影响和受影响的力量 [参阅哈尔特（Hardt），2007 年]。因此塔雷克想要传达的模糊性，可作为一种小规模的交互式权力形式以如下两种方式加以体验：在用自我的暴力潜质或者至少是特别独断的潜质来增加改变带来的压力时，自我“影响着”改变，例如，自我会吓到当事人；同时，由于改变带来的混乱与被动，当事人获得了新的选择，因而自己也受到了影响。例如（这种情况经常发生），自我可以选择缓和冲突——“我只是在和你闹着玩”，看似起初从未试图去恐吓任何人。这种戏剧性场面每天都在上演，通常与空间相关，例如，个人或小团体大张旗鼓地占据大得多的空间而使他人屈服。非常抽象地说，这种模糊性可被视为互动优势的一种形式。

这些行为举止和随之而来的经历并不新鲜，但其形态和意义取决于特定的文化“时刻”，而这些举止和经历正是这些“时刻”的构成要素。[18]例如，当代全球流行文化的逻辑和假想、这些逻辑和假想所采取的具体形态和策略，以及这些逻辑和假想与更具地方性的文化所产生的共鸣，这三者都会支持这些举止，而支持的程度非常重要，且差异极大。在此案例中，正如多位批评家所分析的那样，笔者认为在印象管理层面上的模糊性似乎类似于匪帮说唱中“真实性”的模糊结构。例如，在匪帮说唱的背景之下自然而然地产生了以下问题：说唱歌手间的冲突（“恩怨”）在何种意义上是“真实的”。美国与德国匪帮说唱的社会背景有着巨大的差异，而德国匪帮说唱中的“真实性”和“恩怨”也相差甚大。2007年末（就在一张专辑发行之前）对着马西夫所开的几枪是“真实的”还是刻意筹划的？在库尔·萨瓦斯和埃科·弗雷什（Eko Fresh）之间、西多（Sido）和武士道之间，或者弗勒（Fler）和武士道之间的“恩怨”会引起何等程度的暴力行为呢？一方面，肯定有对这一流派的“字面”解释，尤其来自青少年群体；另一方面，许多人欣赏成功的愤世嫉俗者模式。然而对于更多人而言，这种模糊性（当然并非完全被视作如此）本身就是这种流派的一大乐趣。它可以被当作一种态度。塔雷克的印象管理行为故意留下了一个开放性的问题，即他是否是一个“好男孩”，其行为给这种类比树立了典范。这两种形式的模糊性看似相辅相成、鼓舞人心且合情合理。拥有这样的共鸣是一种激动人心的体验。布赖恩·马苏米（Brian Massumi）给出了一种理论解释，他从理论上以抽象但却具有很大感染力的方式对人物进行了说明，将其描述为“主体化的观点”以及“一种吸引力，并围绕该吸引力来组织相互竞争的情感和思想”（马苏米，1998年：第54页）。

预料中的尴尬

以皮卡尔迪为主的穿衣风格体验关注的是“内心”的看法，往往会涉及这些模糊性，对许多人来说，这些模糊性具有一种赋能特性。与一定程度的积极自信一样，自信心的特殊投射也包括在内。要给予这些自信因果解释，必须考虑文化动态和更广泛的结构性社会力量之间的相互作用，并运用其他方面的经验来完善这种说法，而这是一项笔者无法在此完成的重要任务。相反，在文化分析的暂时性阶段，笔者要考虑其他同样不完整但在某些方面更具社会影响力的观点，希望以此进一步描述“本土焦虑类型”的特征。

皮卡尔迪的新闻发言人委婉地称其为一个“情感品牌”。许多人非常不喜欢它，甚至鄙视它。我采访过的一位说唱迷曾说他“宁愿把自己的器官切下来”，也不愿穿皮卡尔迪。另一位拥有一家都市休闲时装店的人则立即开始谈论“石器时代的人”（此处指穿皮卡尔迪牛仔裤的人古板守旧——译者注），并称由于他的顾客一直是这一类人，他尽量不出现在自己店内的销售区，总是躲在办公室里。听到皮卡尔迪品牌名称时，人们常常会翻翻白眼，或者很不自在地笑笑。有些夜总会的门上还挂有“穿皮卡尔迪者不得入内”的标牌。一位销售人员告诉笔者，有一所学校禁止穿皮卡尔迪牌的服装（但笔者无法核实这一点）。在像 Studi-VZ（创建于德国的大学生网络社区交友平台，译者注）、Myspace（聚友网）或 Facebook（脸谱网）等社交网站上搜索皮卡尔迪，人们会发现以诸如“多亏了皮卡尔迪，我才能快速发现白痴”为标题的粉丝专页组和群组。

无论是在多民族的柏林西部地区还是以“德国人”为主的柏林东部地区，这样的一系列印象都可以被扩大并转化为一个关于反感、蔑视和厌恶的完整现象论。此外，这表明了当代文化的一个基本事实：尽管能被“承认”并视为“合法”的身份具有不可否认的多元化倾向，但在青年文化中也存在着基本的种族和阶级区分，而这些区分构成了文化认同的基础。厌恶与蔑视话语中的一个关键概念是“令人尴尬的”（peinlich）。许多人（大多是中产阶级和上层阶级）对皮卡尔迪牌牛仔裤及其顾客所持有的态度涉及不同形式的反感，其中，预料中的尴尬是一个重要特征。从这个意义上讲，尤其是在青少年文化中，不仅是一种情况，就是一个人也可以被视为“令人尴尬的”。但是，为什么这些牛仔裤及其风格从一开始就会被认为是令人尴尬的呢？当然，有些人会在某些场合或更多的地方感到羞愧、尴尬或羞辱，因为他们穿着皮卡尔迪的服装而不被他人所认同。然而此处的关键点是，一些人认为（或发自内心地感觉）其他人应该感到尴尬。在这层意义上，形容词“令人尴尬的”指的是羞耻的归因。当然，如果“群体”自主地制订自己的标准，或者社会关系被认为是直接对立的，又或者多元文化民主已经到来，那么这种“需求”的相关性就会减弱。事实上，显然皮卡尔迪牛仔裤的大多数顾客很可能一点也不会感到尴尬。他们或许没有意识到这种反感，或者根本不在乎。毕竟缺乏对他人判断的认识或重视正是在此所探讨的那种自信的基本特征。大众文化为这种漠视的情绪提供了话语框架。例如，在武士道的歌曲《日光浴浴床的味道》（*Sonnenbank Flavour*）中，列举了“街头式”强硬和生活方式的各个方面，并形容自己“处于粗俗圈内”（Proll-Schiene），表达了自己对一个饱受奚落的文化名人所持有的满怀信心的认同感。当然，这些价值谴责的反转及再定义贯穿了流行文化的历史，同时在文化领域中也发挥着重要作用。然而在这种情况下，尽管有这样的例子，这一说法到目前为止仍未变成一个无懈可击的自我归因术语，所以反转并不完整，也不可持续。[19]

对于预料中的尴尬而言，男性的身体与性吸引力也至关重要。例如，在谈论萝卜型牛仔裤时，这种问题常在有关皮卡尔迪的新闻报道中被提到。在报道中，顾客被称为“男子汉体格”或典型的“在完全没有自我意识的情况下展示自己身体的无产阶级工人”。[20]最广为流传的皮卡尔迪相关文章刊登在著名的《明星周刊》（*Der Stern*）上，标题是“Auf dicke Hose”，指的是习语“einen auf dicke Hose machen”，意为在金钱方面的炫耀与夸大，但同时带有性暗示。迪赛和皮卡尔迪的萝卜型剪裁高腰贴合，又有全身设计，足以凸显身形（figurbetont）。尽管如此，这种剪裁似乎违背了礼貌得体的要求，是一种“炫耀式”且粗俗幼稚的男性性展示形式，与资产阶级的克制与谦逊形成了鲜明对比，也不同于其他各种男子气概的特征，并且也异于近年流行文化中男性性化的“都市美男”模式［参阅吉尔（Gill），2009 年；理查德（Richard），2005 年］。例如，一篇关于工人阶级青年的城市周刊文章就提到了“一种似乎能传达某种信息的时尚，有人称其为性冲动。”[21]当然，这些消息来源是有问题的，但它们又似乎明确表达了一句重要的潜台词：笔者认为可以这样设想，在表明这种肉体性是令人尴尬的时候，无论这种肉体性在个例中是否重要，人们都会情不自禁但含蓄地认同自己的身体、欲望和克制。此外，尴尬的概念通常指某种形式的挫败，无法在他人眼中成功实现自己（或别人）所设定的某种目标。然而，人们似乎在抨击这种自以为是的行为，例如，他们会嘲笑青春期前的男孩们显而易见的奋斗，而这些男孩不过是在包括性在内的各方面还没有成为他们显然想要伪装成的样子；人们似乎也在抨击这些男孩为之而努力的妄自尊大。在某种程度上，如果不主要从社会等级层面清楚阐述这种排斥和嘲笑行为，那这种行为在社会上就很难被其众多支持者所接受。

笔者在关注内部观点的同时，也高度关注外界观点，但并不是说外界观点对于皮卡尔迪牛仔裤而言最为重要。相反，笔者主张内外部视角的共同描述才能阐明社会文化动态，其他描述方式则无法做到这一点。许多看法将穿这种牛仔裤的体验描述为整体风格的一部分，其中表现出的自信态度——“昂首阔步”起着重要的作用，正如笔者所解释的那样，这常常与（涉及危险行为的）自我表现中的模糊性所具有的赋能作用有关。他是个好男孩吗？如果是的话，那在何种意义上才是呢？然而，外界并不会将此解读为模糊性，而是解读为失败与自大，解读为威胁。在预料中的尴尬里，除了其他情绪以及互动模式之外，也有这种观点。而这些情绪和互动模式就是“本土焦虑类型”，凝结在牛仔裤标志性的款式以及牛仔裤的使用之中。

拥有模糊性的权利

从字面上看，经验层面上的文化进程有助于巩固社会关系与立场归属但行为者或许还未明确支持该社会关系和立场归属，并在情感上将社会关系与立场归属合法化，因此，我所描述和分析的基本结构具有悲剧性的特点。同样，这并不意味着这些进程最终决定了社会结构（甚至是经验），但它们的确代表了一种方法，让人能度过这些过程，如果可能的话，还可以挑战这些进程。另外，要注意到这些进程中的一些影响较大的分歧，这一点也很重要。于此，明确规范的领域有着特殊的意义，而在直接的人事领域之外也是如此。在谈论服装、感知和刻板印象时，许多故意展示萝卜型牛仔裤（更普遍地说，是展示“匪帮风格”）的人并不仅仅模棱两可地表现出自己的强硬。在谈到这一点时（事实上笔者会争辩），他们也主张要求拥有模糊性的权利，此主张可以被总结为以下这种公式化的陈述：

“是的，我的穿着让我看上去很强硬。我并不介意别人把我当成暴徒。我知道他们为什么会感到害怕，而我有点喜欢那样。这些只不过是衣服而已。我应该受到和其他人一样的待遇。衣服并不能叙述一个人的故事，任何人都不应按照这种肤浅的方式分类。”

有很多这样听起来或许很熟悉的故事，通常由直接的种族歧视所主导，但对于服装而言这是合理的。例如，“每个人”都知道，穿着皮卡尔迪牌的服装（夹克和毛衣，而不是牛仔裤）与皮卡尔迪风格的外套进入夜总会是件难事（尽管仍有例外，尤其对“德国人”而言），许多人认为这是不公平的。例如，塔伊丰（Tayfun）谈到，当老年人看到他靠近时通常会往街道的另一侧走。他确实会因老人们对自己的看法而困扰。尽管如此，他仍然说道，自己的“拳击手发型”并不可怕，而且他只是和其他年轻人一样穿着自己喜欢的服饰，但似乎适用于他的是不同的准则。另一个相似的故事发生在一位名叫马尔科（Marco）的年轻人身上，他是一位来自中产阶级家庭的“德国白人”，喜欢皮卡尔迪风格。他回忆道，他在街道上靠近了一个富有魅力的女孩，而她完全忽视了他的接近，之后他们进行了长时间的交谈。她基本上属于“另类”的风格类型。他说（在经历了数次类似的拒绝后显得有些沮丧），这些人是最抱有偏见的，因为他们仅仅根据服装就不屑考虑像他这样的人——这样“粗俗的人”。

形成这些主张和观察的批判性和反思性模式似乎与自信、主导和坚决的耐攻击性不太相符。这种耐攻击性正是此处所讨论的话语形象与客观形象的特征。的确，在那样说的同时，许多人并不会参与到这种对话中，至少不会针对笔者（可能在其他情况中也是如此）。重点是在主张模糊性权利之类的事物时，授权的实体被称为认同过程中的潜在对话者。在公然对立的程式化观点之下，这种方法并不明显。一方面，这一事实直接证实了在许多情况下，对抗是一种姿态。另一方面，这些主张与充斥在这些会话中的文化形态的核心结构之间也有着深刻的共鸣。塔雷克的印象管理行为与匪帮说唱中的“真实性”问题之间的相似性证明了这种共鸣。正如笔者所说，匪帮说唱中热情奔放的内容与其美学意义的正式构建形成反差，在我们的社会中，不同的规则都需要审美构建。通过在话语模式上诉诸（审美）形式或框架，语义内容的潜在消减在服装领域中甚至更为明显。显然，在服装领域，人们通常愿意并能够区分通过穿着进行的表态和通过字面进行的表态。我们可以重视通过穿着进行的表态，也可以不重视，但如果有人以不恰当的方式对待这种表态，则会因为缺乏足够敏锐的现实感而被嘲笑。此外，服装的物质维度、情感维度和社会维度，以及这些维度的体验本质从根本上并不具有断言结构，就像在体验层面和话语说明层面上，出于音乐的本质，把说唱音乐简化为抒情内容这种做法显得不恰当。例如，人们有意识地穿上特定的牛仔裤，以此表明自己的态度，但仍保留改变意义框架的权利：从明确到模糊，从严肃到俏皮。当然，这样的声明并不总能明确阐述有问题的部分，只能将该声明与规则、话语性说明加以比较才能准确估算其效果。确切地说，这类模糊性可以被感知、被表现、被留存，在某种程度上它是一种“情感结构”，其口头表达植根于各种实际行为之中。

注释

① 20 世纪 70 年代伯明翰文化研究学派重新定义了“亚文化”一词（参阅克拉克等人，1976 年），自 20 世纪 90 年代中期以来该词饱受批评 [参阅马格尔顿（Muggleton）和魏因齐尔（Weinzierl），2003 年]。但是，在特定的社会决定因素发挥重要作用的背景下，只要诸如此类的案例能够通过多尺度的复杂文化实践来充当同源性表达的标志，这些案例就会显示出持续相关性。与本人观点相近的看法请参阅赫斯蒙德

霍（Hesmondhalgh，2005年）。

② 在本章中，笔者仍对有关分析性术语的重大政治争论持怀疑态度。这些术语既涉及诸如排斥之类的过程性术语[布德（Bude），2006年，2008年a，2008年b；克内希特（Knecht），1999年；克罗瑙尔（Kronauer），2002年]，也涉及到分析性群体名称，如工人阶级[斯凯格斯（Skeggs），2004年]、朝不保夕族[布迪厄（Bourdieu），1998年]、诸众[维尔诺（Virno），2004年]、大众阶级意义上的下层[沃内肯（Warneken），2006年]或“底层阶级”意义上的下层[参阅诺尔特，2004年；如林德纳（Lindner）和穆斯纳（Musner）的评论，2007年]。

③ 这篇文章几乎没有涉及理论和方法论方面的思考。笔者的分析聚焦于“体验层面”，包含各种类型的现象（或分析记录），如感觉、情感、话语、互动结构和文化动态。

④ 近年来，一些其他的本土品牌也效仿了这一例子，这些品牌有着相似的仿意大利品牌的名称，如达基奥·罗曼佐（Daggio Romanzo）、布鲁奇诺（Blucino）和卡萨（Casa）。

⑤ “不插电”零售商店的所有者及其合伙人经由两家公司在德国（及奥地利）进口并批发土耳其公司的皮卡尔迪品牌产品。此外，在德国出售的产品，大部分甚至绝大部分设计过程都是在德国完成的——尽管在关于皮卡尔迪牛仔裤的“基本要素”方面，对这一点总是闪烁其词。

⑥ 这些类别不仅有很大的问题，其含义、界限以及关联性在此过程中也属于商定和“执行”的一部分。根据“移民背景”、人种、国籍与公民身份等进行的种族划分看起来显而易见。具体而言，所有的这些都是非随机的社会结构和选择，依赖于许多长期制度和意识形态。最明显的例子莫过于“外国人”实际上是未被他人承认或接受的德国人，这很大程度上缘于在种族层面（民族）对公民身份的理解。

⑦ 说唱歌手埃科·弗雷什在其专辑《哈茨4号方案》[Hart（z）Ⅳ]中穿着一件皮卡尔迪牌的毛衣。“Hart”意为“强硬的”，而哈茨（Hartz）是一位前任大众汽车经理的姓氏。在社会安全网“改革”进程中，哈茨与联邦政府进行了广为人知的协商，并以自己的名字命名改革的各

阶段，其中包括“哈茨 4 号方案”，基本消除了长期失业救助金和社会保障金之间的区别（失业金 2）。

⑧ 在很长一段时间里，萝卜型剪裁在女士牛仔裤里更受欢迎，但这似乎是一个完全不同的故事。

⑨ 关于男式牛仔裤“凸显体型”的作用参见本书中萨萨泰利的文章（基于收集于意大利米兰的数据）。

⑩ In：Spex Nr. 313，3/4，2008.

⑪ 虽然兹克型牛仔裤与这种风格高度相关，但也只是这种风格的一个因素（这种风格在很大程度上可以被理解为一种亚文化风格），是用来与其他有时更惹眼、更昂贵的服装相搭配的基本服装标准。

⑫ “真实”的定义是由文化评估所决定的，而不仅仅依据生活中的事实（林德纳，2001 年），它代表了种族化背景下一种格外难解的概念。

⑬ 在那种情形下，关于同性恋的贬义使用是很常见的。该词不应被视为字面上的侮辱，而且，直接发怒也可能只会起到交际策略的作用。尽管如此，该词无疑是一种令人反感的恐同表现，有力地强化了自身的各种潜在形式，表明了对明确的男性气质的倾向性以及对娘娘腔的排斥。要保留足够的音乐差异性表象，就应该指出某些现象，如库尔·萨瓦斯并不是匪帮说唱歌手，但他因在即兴说唱“对决”中的抒情技巧与粗俗歌词而闻名。

⑭ “Keinen Arsch in der Hose haben”指裤子里没有臀部，意味着缺乏勇气或自信。

⑮ “阿尔法夹克”（Alpha Jacke）：由得克萨斯州阿尔法工业公司生产的飞行员夹克。

⑯ “Einen auf X machen”主要指表现得像 X，摆出一副 X 的样子。

⑰ 这类隐喻包括 *einen Film schieben* 或 *in einem Film sein*［字面意义为“在电影里”，隐喻人们缺乏现实感，迷失在想象的虚幻世界（如电影）中］，或者关于铁轨（*Schiene*）的短语（隐喻人们盲目地沿着既定路线前行，丝毫不考虑其他路线的可能性）。

⑱ 假设这种感觉并非新鲜事，这似乎是合理的［参阅皮尔逊（Pearson），

1983 年]。此外，类似的数字媒介化机制发挥作用至少已达几十年，特别是自 20 世纪五六十年代亚文化的异常与暴力性质被“放大”以来（想想摩登派与阿飞、骗子的对比）。参阅主要与亚文化、放大和“道德恐慌”有关的英国文学作品 [科恩（Cohen），1973 年]。

⑲ 例如，在说唱界的背景下，人们更有可能使用如“Kanake”“Gangster”和“Atze”等术语。

⑳ 德国广播电台（DeutschlandRadio）“皮卡尔迪和康索顿——柏林移民儿童的时尚（Picaldi und Konsorten – Mode unter Migrantenkids in Berlin）”，2003 年 4 月 9 日。应该指出的是，在这篇电台报道中，这一引述被批判性地用来总结某些人的观点——该报道谴责了这些人持有的偏见。

㉑ Zitty 8/2005，S.21.

参考文献

[1] Androutsopoulos, J.(2005), ‘Musiknetzwerke. Identitätsarbeit auf HipHopWebsites’, in K. Neumann-Braun and B. Richard (eds), *Coolhunters. Jugendkulturen zwischen Medien und Markt*, Frankfurt am Main: Suhrkamp, pp. 159–172.

[2] Bourdieu, P.(1984), *Distinction. A Social Critique of the Judgement of Taste*, Cambridge, MA: Harvard University Press.

[3] Bourdieu, P.(1998), ‘Prekarität ist überall’, in P. Bourdieu, *Gegenfeuer. Wortmeldungen im Dienste des Widerstands gegen die neoliberale Invasion*, Konstanz: UVK, pp. 96–102.

[4] Bude, H.(ed.)(2006), *Das Problem der Exklusion. Ausgegrenzte, Entbehrliche, Überflüssige*, Hamburg: Hamburger Edition.

[5] Bude, H.(2008a), *Die Ausgeschlossenen. Das Ende vom Traum einer gerechten Gesellschaft*, München: Hanser.

[6] Bude, H.(ed.)(2008b), *Exklusion. Die Debatte über die ‘Überflüssigen’*,

Frankfurt am Main: Suhrkamp.

[7] Clarke, J., Hall, S., Jefferson, T. and Roberts, B.(1976), 'Subcultures, Cultures and Class', in S. Hall and T. Jefferson (eds), *Resistance Through Rituals: Youth Subcultures in Post-War Britain,* London: Hutchinson.

[8] Cohen, S.(1973), *Folk Devils and Moral Panics. The Creation of the Mods and Rockers*, St Albans: Paladin.

[9] Duden (1999), *Das große Wörterbuch der deutschen Sprache in zehn,* Bänden. 3, völlig überarbeitete und erweiterte Auflage. Herausgegeben vom wissenschaftlichen Rat der Dudenredaktion. Band 7: Pekt–Schi. Mannheim: Dudenverlag.

[10] Gill, R., Henwood, K., McLean, C.(2005), 'Body Projects and the Regulation of Normative Masculinity', *Body and Society,* 11: 37–62.

[11] Goffman, E.(1959), *The Presentation of Self in Everyday Life*, Garden City: Doubleday.

[12] Hardt, M.(2007), 'Foreword: What Affects Are Good For', in P. Ticineto Clough (with J. Halley)(ed.), *The Affective Turn. Theorizing the Social*, Durham, NC: Duke University Press, 2007, pp. ix–xiii.

[13] Hartigan, J. Jr.(2005), *Odd Tribes. Toward A Cultural Analysis of White People*, Durham, NC: Duke University Press.

[14] Hesmondhalgh, D.(2005), 'Subcultures, Scenes or Tribes? None of the Above', *Journal of Youth Studies,* 8(1): 21–40.

[15] Knecht, M.(ed.)(1999), *Armut und Ausgrenzung in Berlin*, Köln: Böhlau, pp. 7–25.

[16] Kronauer, M.(2002), *Exklusion. Die Gefährdung des Sozialen im hochentwickelten Kapitalismus*, Frankfurt am Main/New York: Campus.

[17] Lahire, B.(2001), *L'homme pluriel. Les ressorts de l'action*, Paris: Hachette.

[18] Lindner, R.(2001), 'The Construction of Authenticity: The Case of Subcultures', in J. Liep (ed.), *Locating Cultural Creativity,* London: Pluto.

[19] Lindner, R. and Musner, L.(eds)(2008), *Unterschicht. Kulturwissenschaftliche*

Erkundungen der 'Armen' in Geschichte und Gegenwart, Freiburg: Rombach.

[20] Massumi, B.(1998), 'Requiem for Our Prospective Dead (Toward a Participatory Critique of Capitalist Power)' , in E. Kaufman and K. J. Heller (eds)(1998), *Deleuze and Guattari. New Mappings in Politics, Philosophy and Culture*, London/Minneapolis, MN: University of Minnesota Press, pp. 40–64.

[21] Miller, D. and Woodward, S.(2007), 'Manifesto for a Study of Denim' , *Social Anthropology/Anthropologie Sociale,* 15(3): 335–351.

[22] Moore, A.E.(2007), *Unmarketable. Brandalism, Copyfighting, Mocketing, and the Erosion of Integrity*, New York: New Press.

[23] Muggleton, D. and Weinzierl, R.(eds)(2003), *The Post-Subcultures Reader,* Oxford: Berg.

[24] Neckel, S.(2003), 'Kampf um Zugehörigkeit. Die Macht der Klassifikation' , *Leviathan* 31(2): 159–167.

[25] Nolte, P.(2004), *Generation Reform. Jenseits der blockierten Republik,* München: Beck.

[26] Pearson, G.(1983), *Hooligan. A History of Respectable Fears*, Basingstoke: Macmillan.

[27] Richard, B.(2005), 'Beckham' s Style Kicks! Die meterosexuellen Körperbilder der Jugendidole' , in K. Neumann-Braun and B. Richard (eds), *Coolhunters. Jugendkulturen zwischen Medien und Markt*, Frankfurt am Main: Suhrkamp, pp. 244–260.

[28] Sayer, A.(2006), *The Moral Significance of Class*, Cambridge: Cambridge University Press.

[29] Skeggs, B.(2004), *Class, Self, Culture*, London: Routledge.

[30] Tyler, I.(2008), 'Chav Mum Chav Scum' , *Feminist Media Studies,* 8(1): 17–34.

[31] Sutterlüty, F. and Walter, I.(2005), 'Übernahmegerüchte. Klassifikationskämpfe zwischen türkischen Aufsteigern und ihren deutschen Nachbarn' , *Leviathan,* 33(2): 182–204.

[32] Virno, P.(2004), *A Grammar of the Multitude: For an Analysis of Contemporary Forms of Life*, Los Angeles: Semiotext(e).

[33] Warneken, B.J.(2006), *Die Ethnographie popularer Kulturen. Eine Einführung*, Köln: Böhlau.

—9—

不合适的牛仔裤：在巴西推销廉价牛仔裤

罗莎娜·皮涅伊罗－马沙多

本文探讨的是巴西南部牛仔裤贸易的特殊性，指出在阿雷格里港[①][Porto Alegre，巴西最南端的南大河州首府（Rio Grande do Sul）]中心地区的一家城市市场里，廉价蓝色牛仔裤在社会关系商品化过程中的标志性力量。

根据经济人类学领域的研究主题，笔者认为由于牛仔裤在巴西社会中占有特殊的地位，这种特殊的服装恰恰是一种表现不平等和社会差异客观化的重要方式。通过对牛仔裤供应链经济层面的分析，揭示了一系列紧张关系和更广泛的分类，这些分类涉及正规经济和非正规经济之间界限的社会建构（见皮涅伊罗－马沙多，2008年）。进一步分析表明，牛仔裤在市场上的地位处于正规和非正规部门之间、合法性和非法性的边缘，是关于真实性和质量的价值论述，而这些真实性和质量本身并不一定基于产品的物质属性。

本文的观点支持《丹宁宣言》（*Denim Manifesto*，米勒和伍德沃德，2007年），但也对其中的部分分析提出了质疑。本文旨在突出经济维度在全球丹宁项目中的作用，并指出牛仔裤普及所带来的同质化并不一定会产生平等化，甚至会造成进一步的社会分化。本章所展示的牛仔裤的影响揭示了日常服装所发挥的作用及其特殊性质。

《丹宁宣言》与巴西牛仔裤

在《丹宁宣言》中，人类学家接受挑战，开始研究牛仔裤——虽然牛仔裤在我们的日常生活中司空见惯，但在民族志分析中却明显缺失。在宣言中，作者反驳了本体论哲学逻辑，即位于身体表面的诸如衣服之类的元素本质上是一个表层问题。相反，他们考虑的是牛仔裤所具有的哲学意义—— 一种解决现代社会生活中焦虑和矛盾的服装资源——这无疑使牛仔裤成为人类学问题。作者指出，此时此刻，可能有超过 50% 的世界人口穿着牛仔裤，因此，理解这种全球性的普遍存在和同质化现象所具有的含义和本土变化非常重要。

由此,《丹宁宣言》强调的是从里约热内卢到伦敦的范围内牛仔服的普遍性与在特定环境中牛仔服文化用途的多样性之间的对比。所以，尽管米勒和伍德沃德指出要重点研究牛仔服商品链的各个阶段，而对于消费的分析却是重中之重。本书综合体现了该问题：科姆斯托克所著章节涉及了生产和分销的历史，威尔金森 – 韦伯的章节分析了市场营销，而其他大多数章节则专注于消费。

本文旨在回顾牛仔服装商品链在全球丹宁项目中占据的重要位置，其中包括针对牛仔服装生产、零售和分销过程所带来的社会后果而进行的反思。如果说目前全球 50% 的人口可能穿着牛仔裤，那么这明显意味着牛仔裤的生产和分销动用了全世界庞大的劳动力资源。因此，从人类学的角度来说，不仅需要解释人们消费牛仔服装的方式及原因，还需要解释在牛仔服装世界中，这一现象对普通人生活方式的影响。

为了理解牛仔服装在社会商品化过程中所起的作用，我们需要把注意力转向资本主义链条所创造的几个人际环节，以此“认识其重要性，并弄懂当我们作为消费者以牺牲他人利益为代价而受益于低价格时所产生的责任”（米勒，2006 年：第 350 页）。当我们观察发展中国家时，这一点变得尤为重要，比如巴西社会，那里的社会不平等仍然很严重。在这种背景下，消费和生产都是具有相关性的社会实践。

目前，巴西有几个主要的牛仔服装生产基地，其牛仔裤分销到拉丁美洲、欧洲和美国。位于巴西中部戈亚斯州（the State of Goiás）的雅拉瓜市（Jaraguá）就是一个牛仔服装生产基地。该市有4.4万居民，其中2.2万人都直接或间接地就职于牛仔服装行业。巴西南部巴拉那州（the state of Paramá）的锡亚诺蒂市（Cianorte）被称为“服装之都”，有5万居民，其中1.5万人直接从事纺织业。这两个城市的国内生产总值有一半来自牛仔服装产业。[②] 这些牛仔服装生产基地不仅调动了当地居民，还调动了成千上万的提包客（*Sacoleiros*，提着袋子的商人），他们按照专业机构安排的每周时间表在全国各地来回奔波，为全国供应牛仔服装。

在本文中笔者主要关注在巴西销售和穿着的更广泛的日常牛仔裤，而不是被称为巴西牛仔裤或“匪帮裤”的特定裤型[这种裤型是本书中米斯拉伊文章的节主题，参见米斯拉伊，2007年；莱昂（Leitão），2007年]。

集市经济背景：国家志愿者大街（Voluntários da Pátria Street）

国家志愿者大街是阿雷格里港的一条典型街道。虽然其名称意为“国家志愿者”，但其实它还有一个通俗含义：“去志愿者大街”意为在最便宜的地方购物，而“去志愿服务”则意为从事卖淫活动。

国家志愿者大街位于城市港口附近，自阿雷格里港建成以来就担负着商业发展的重任。19世纪，在一场为期10年的战争中，这条大街是帝国卫队镇压该省分裂运动的通道[佛朗哥（Franco），1998年]。还有人说，这条街道一直是卖淫场所，也是男子性启蒙的地方，这就解释了为什么这条街会有志愿服务这个被污名化的绰号。在过去的几十年里，多样化一直是这条街的特色。这里的航海者圣母（Our Lady of Navegantes）教堂明显体现了宗教融合。航海者圣母是天主教圣人，即非洲及巴西宗教中的女性水神叶玛亚（Iemanjá），保护着水域，每年的庆祝活动都会吸引100万人参加。在商业发展方面，巴勒斯坦人和犹太人所经营的商店吸引了社会各阶层的消费者。该集市经济的基础是人与人之间的交易、面对面地接触、大量的人群以及价格低廉的商品[格尔兹（Geertz），1979年]。近年来，廉价牛仔服装成为该市场销售的主要产品。

在这条街的起点处还有一个新的大型购物中心，称为卡米洛德罗姆（Camelódromo，街头小贩集中地之意——译者注），大约有 800 个摊位，由以前的街头小贩经营。沿着这条街走向另一端，街上有许多廉价牛仔服装商店，然后会看到两家工厂。这两家工厂向巴西各地分销牛仔裤商品，但销往附近地区的商品不多，因为与这条街通常销售的商品相比，这两家工厂的产品质量更好，价格更高。

本文所报告的研究受到商品链分析[③]的影响——观察商品历史中的不同行为者，同时感知市场行为造成的不平等 [见贝斯特（Bestor），2000 年；福斯特（Foster），2006 年；弗莱德伯格（Freidberg），2004 年；休斯（Hughes），2001 年；齐格勒（Ziegler），2007 年]。笔者在更微观的环境中使用这些方法，采访了牛仔服装的生产商、经销商、摊贩和消费者。当地关于牛仔服装的叙述是集市经济的一部分，符合当地的社会组织，展示了“令人印象深刻的礼仪规则、传统和道德期望”（格尔兹，1979 年：第 222 页）。

自 1999 年以来，笔者一直在进行关于非正规市场和盗版的一系列民族志研究，本文中这项特别的研究就是其中的一部分，包含阿雷格里港市中心的街头商业。2009 年笔者又更加系统地研究了牛仔服装。当时笔者注意到牛仔服装出现在新建的卡米洛德罗姆市场中，说明有必要准确记录围绕牛仔服装这一产品的相关叙述。

超凡牛仔服[④]

几十年来，该地区一直有一个巨大的街头市场，受国家监管和不受国家监管的小贩都在这里经营，属于非正规经济。也就是说，他们从邻国巴拉圭（Paraguay）的一个大型商业区购买的商品没有缴纳任何税款，也不会为客户提供任何收据。当地政府登记在册的有大约 420 个摊贩，另外或许还有数千个非法经营的摊贩。在葡萄牙语中，街头小贩被称为卡米洛（camelô），因此这个位于市中心的街头市场得名卡米洛德罗姆

（camelódromo）。这里出售各种各样的廉价产品，特别是服装、服装配饰、玩具和电子设备。然而，他们以前不卖牛仔裤，这一事实耐人寻味。

这种流行产品的缺失引起了笔者的注意，因为这个街头市场周边的其他商店里堆满了各种款式和价格的牛仔裤。这一事实促使笔者探索位于国家志愿者大街的正规牛仔裤生意——它面向社会各阶层销售产品，特别是面向生活在城市边缘贫民窟的最贫穷人口。

2009 年 1 月，阿雷格里港的公共商业政策受到地方（市中心的“混乱”）、国家（打击从巴拉圭走私入境）和国际（知识产权利益）三方面因素的共同推动，经历了一个历史性的时刻。街头小贩撤离街道，被重新安置在“大众购物中心”（Popular Shopping Centre）。尽管摊贩已经称自己为企业家，不再是街头小贩，但这个地方仍然被民众和摊贩称为卡米洛德罗姆。该中心位于激动人心的国家志愿者大街的核心地带，主体建筑修建在一个公共汽车终点站上方。这条大街充斥着大量的牛仔裤生产、贸易和消费活动。

正如本文所述，小贩摊位位置改变了，从而获得全新的平等地位，不过这种平等只是表面上的平等，实际上仍旧存在颇具分歧的说法，例如把小贩视为异类，使其失去合法性。虽然他们的地位已经正规化与合法化，但这并不意味着小贩得到了当地其他商业机构和周围社会更多的尊重。

以前的街头小贩销售的是巴拉圭产品，现在，小贩们被视为企业家和商人，有了新身份，于是很快开始在他们带有试衣间和镜子的简陋新店里销售牛仔裤。一位在服装行业工作了 30 年的前街头小贩玛丽亚（Maria，61 岁）声称：

“牛仔裤是很时髦的东西，它们来自圣保罗（São Paulo），而不是巴拉圭。在大街上卖牛仔裤是不可能的。不像其他衣服，女人是不会买裤装的（此处指牛仔裤之外的其他裤装——译者注），因为裤子可能会让你的臀部看起来很宽大，而且最重要的是，你还得想办法遮住腰间的赘肉！而现在，我们这里什么都有了，所以我们可以卖牛仔裤了。”

新建筑落成的那一刻中止了小贩不卖牛仔裤的历史。当他们准备占领这个新的商业中心时，蓝色牛仔裤作为一种典型的产品出现，象征着他们的新地位。对他们来说，牛仔裤是一种特殊的商品，人们需要多次试穿，因此不能随意在街头售卖。以下是笔者和玛丽亚的一次谈话：

玛丽亚：没人会在肮脏的街道上买牛仔裤。我们只能在街头出售面料柔软的裤子，因为它们很容易合身。我们不能卖像牛仔裤那样硬质面料的裤子。我总是说，对于一个40码的顾客来说，我们至少需要准备15条不同的40码的裤子。一个女孩把15条都试过了，她肯定只会喜欢其中的一条。所以要卖牛仔裤，还需要有足够的存货，各种尺码都要有。

罗莎娜：我看过很多卖牛仔裤的街市。商贩把客户带到附近的商店，然后他们在那里试穿。为什么这里的商贩不这样做呢？

玛丽亚：你买牛仔裤需要多长时间？需要很长时间……有时我会生气，因为女孩们认为牛仔裤会创造奇迹。但问题不在于我的牛仔裤，而是因为她们的身材！节食比找遮掩肚子的牛仔裤容易多了！

据一位接受采访的消费者透露：

"我属于'微胖'类型，有完美的臀部，我得把它显出来。但问题在于，一个臀部丰满的女孩，通常小肚腩也会很明显，这是成比例的！所以很难找到既能改善臀型又能遮住小肚腩的裤子。但是牛仔裤可以做到这一点，只有牛仔裤才能做到这一点……我的尺码是46码，但我买42码的牛仔裤。然后我的臀部得到了很好的提升，我的小肚腩也被压扁了！"[普丽西拉（Priscilla），一名17岁的女孩]。

事实上，牛仔裤反映了巴西人的理想身材（细腰丰臀）与现实身材之间的矛盾。从这个意义讲，牛仔服装成为一种神奇的特殊产品。正如米斯拉伊那一篇文章的开头所说，牛仔裤的特点在于，人们认为它能够塑造出好看的臀部。因此，牛仔裤不是日常生活的一部分，而是更复杂、更微妙的东西，是一种非凡的产品，已经成为消费者和商家的一种特殊商品。

玛丽亚之所以认为牛仔裤是一种时髦的商品，有以下几个原因。从消费者的角度来看，找到合适的牛仔裤需要很长时间，因为要找贴合身材的牛仔裤。因此，玛丽亚明白她需要售卖“好牛仔裤”。在她的理解中，好牛仔裤并不来自巴拉圭的埃斯特城（Ciudad del Este），因为该地区充斥着假冒伪劣商品。而去巴西其他州批发牛仔裤比去巴拉圭更贵。但是，从本国购买商品不构成走私。而且，现在巴西制造的牛仔裤有很多时髦的品牌，比如 República、Denúncia 和 Omoze。因此，摊贩的新企业家身份要求牛仔裤的地位也相应提升。对玛丽亚和其他人而言，销售牛仔裤体现了他们职业地位的提升，他们感觉自己归属于一个更大的职业领域，而这项职业也是国家志愿者大街正规贸易的一部分。

争取既定地位

虽然国家志愿者大街的商业被概括为“廉价商业”，而且该地区出售的大多数蓝色牛仔裤都非常相似，但在当地交易的商贩却能注意到不同商店之间的巨大差异。在“既定者与局外人”[埃利阿斯（Elias），2000 年]之间的关系意义上，爆发的争端体现了一种更广泛的指责体系，流言蜚语是其特征。摊贩们重视产品的价格、质量和真伪，他们认为这些都是打败竞争对手的条件。

在街上交易的团体可以分为三类：街头的卡米洛德罗姆市场、整条街的廉价商店以及街尾的工厂。值得注意的是，这种社会和经济等级也延伸到空间秩序：按照从街头至街尾的顺序，企业家的地位也略有提高。这种空间等级也适用于牛仔裤，是体现牛仔裤质量从“劣质”到“优质”的参数。

我们以这条街上高端商品生产厂家的说法为例来说明这种层次的差异。这些企业家的产品在他们位于国家志愿者大街的商店里销售，但他们相信自己生产的牛仔服装实际上质量很好，与这个地方或其廉价市场格格不入。他们说自己的产品之所以在这个地区销售是由于不幸的巧合。

其中一家工厂只在市区生产一部分产品，另一个总部设在农村。公司成立于 1977 年，现有机器 180 台，员工 248 人。该公司每月生产 5 万件产品，销往多家巴西商店和品牌店。一位接受采访的经理说：

“我们的产品在很多方面都与在国家志愿者大街中售卖的产品有所不同，但最主要的是外包过程。这里所有的东西都是我们自己制造和控制的，所以质量控制非常严格，包括洗涤、染色、剪裁等所有的一切……首先，在我们店周围的商铺里销售的产品是用非常薄的布料制成的。由于在这里做生意最重要的是低价格，所以线头和接缝处都很松弛。这类消费者只对价格感兴趣，他们不在乎买回家的牛仔裤是否是歪斜的。”

尽管他们的言语表现出对所在街道的贬低，但不难发现他们对当地仍有最低限度的认同。正如一位经理所说：

“是的，我们的店开在这里，但这里不是我们的世界，不是我们的受众，不是我们的目标，也不是我们的愿景。我个人很讨厌这个地方，我觉得它又脏又乱，对我们的牛仔服装来说，这个形象很糟糕，周围都是粗制滥造的产品。但我仍然认识到，在这个传统的地方开店对我们大有裨益。我很乐意承认这一点，因为我们不需要向别人证明什么，我们有一个受人尊敬的品牌……无论我们在哪里，我们就是我们。”

然而，这与我们参观的第二家工厂形成了鲜明的对比。当笔者说正在研究这个地区的牛仔服装市场时，店主告诉笔者不要把他们纳入这项研究，因为他们在这里开店太过随意：

店主：对不起，虽然我们在这条街的尽头，但我们并不属于那个商业世界。我们的牛仔服装与其他牛仔服装完全不同，我们的目标受众是中产阶级。我们的产量有限，而且质量很高。我认为我无法为你的研究做出贡献。

研究员：那么，为什么你们在这里也开了一家店呢？

店主：因为这里租金低，空间很大，所以很难搬出去……

生产商关于国家志愿者大街市场的说法并未区分是商店的生意还是卡米洛德罗姆市场的生意，质量低劣被用来概括这里所有的商店和摊贩。对于生产商来说，这些商店和摊贩就是一个外部世界，而自己并不属于这个世界。然而，采访街边商店的店主时，我发现他们对质量的看法完全相同，不过他们是站在卡米洛德罗姆市场的对立面来实现自我肯定。

对比商店和卡米洛德罗姆市场可以发现，这反映了一种既定者与局外人之间的关系。40 年前，巴勒斯坦移民家庭在这个地区开办了企业，通过提供廉价产品获得了忠实的消费者群体。相比之下，前街头小贩则被视为街头的局外人：一种新的廉价生意来源。

这些采访说明了“正规”这一概念如何在关于质量的讨论中体现出来。交易越正规，牛仔服装的质量就越高。考虑到街头摊贩和商店里出售的牛仔服都购自同一家供应商[⑤]，这里对质量的要求只是一种信念，是对正规性的一种间接声明。就在不久前，街头小贩在没有国家监管的情况下经营，但现在他们和由来已久的商店一样受到监管。也就是说，家族老店变成了一种正规性，而正规性又成了品质的标志。

一位 35 岁的牛仔服装店老板阿米尔（Amir）说道：

“看到街头摊贩在卖蓝色牛仔裤是很奇怪的。这不可能！他们没钱买各种必须的款式和尺码。有的女人胖，有的女人瘦；有些人喜欢紧身牛仔裤，而有些人则刚好相反……他们卖的东西质量很差，也没有技术诀窍。他们进货很快，但没有任何标准，不熟悉情况，也没有精心安排。他们卖东西的地方很简陋，生意不可靠。

买蓝色牛仔裤需要花费很多时间。女人试穿一件衣服要花 20 分钟，她们要看一百万次才能确定臀部是否合适。哪个女人会在卡米洛德罗姆市场呆那么长的时间？”

一位 40 岁的牛仔服装店老板法里德（Farid）说道：

“我的消费者公众不仅来自 C 级或 D 级社会阶层（最贫穷的阶层），还有很多精英阶层的人。这些精英人士来这里是为了在他们的高档商店里转卖我们的裤子，因为我们有各种各样的款式、尺码，可以满足所有人的口味，价位也从 19.9~100 巴西雷亚尔（BRL，巴西货币）不等。你相信街头摊贩能卖这么多种吗？只有那些拥有足够大商铺的人才能售卖牛仔裤……说得更明白点，他们没有合适的条件来销售我卖的这些好产品。”

实际上，以这种论调谈论牛仔服装知识的人并不是这一领域的老商人。他们家族的确拥有自己的老店，但也只是在五年前才开始买卖牛仔服。

和街头摊贩一样，他们也是当地牛仔服市场的新手。从牛仔裤的材料特性来看，我们经常发现街头摊贩和商店销售的产品是非常相似的。然而，家族的传统和贸易声誉使得这些人能够获得更高的地位。在访谈的很多时候，根本分不清他们是在谈论商品的质量还是金融和空间条件，他们总是把这两者混为一谈。

卡米洛德罗姆市场的声誉和真品

玛丽亚在老卡米洛德罗姆市场卖衣服和帽子的时间长达 30 年。因为她认为消费者是凭借一时冲动而购买商品的，所以致力于反对把小贩赶出街道。然而，她听了新购物中心公司的营销专家和时尚专家的建议，投资了她的新职位，在新卡米洛德罗姆市场租用并装修了一个较大的空间，而且在那里安装了一部新电话。她大胆的态度引发了同事们的反应。他们说玛丽亚现在负债累累，因为她在这些翻新工程上花了太多的钱。

她还邀请她的女儿 [30 岁的米丽安（Mirian）] 与她一起从事这项新的创业活动。她相信女儿的青春活力可以使她的店铺更加摩登。在开业的第一个星期，米丽安要在圣保罗找一家供应商。她没有带回他们通常装满货物的大袋子，而是只带了两小包蓝色牛仔裤。这种我行我素的做派让她母亲感到绝望，因为玛丽亚意识到她花了 1000 美元只买到了几条牛仔裤。米丽安说服玛丽亚，这些牛仔裤会很畅销，因为她带回的是著名的巴西品牌牛仔裤真品，非常时尚。这些牌子的蓝色牛仔裤通常要卖 250 巴西雷亚尔，但玛丽亚和米丽安只需卖 150 巴西雷亚尔就可以了，这似乎是一笔有利可图的生意。

米丽安认为卖牛仔裤是她们新身份的一种表现，因此，她购买正宗品牌的牛仔裤是为了尊重她们的新职业。然而，由于她急于迅速提升自己的地位，没有积累足够的资金，因此她只能买得起 20 条，尺码从 38 码到 40 码不等。结果，在三个月内，她们一条牛仔裤也没有卖出去。米丽安解释道：

“一些女孩能接受我们品牌产品的价格，也试穿了我们的裤子，但是并不合身。一开始女孩们总是要38码的，但最后只能穿下44~46码的裤子。我们现在的销售场所很好，但问题是没有足够的资金购买各种不同的尺码。另外，最大的问题在于我们的消费者非常贫穷，没有钱买这么贵的东西。”

正如玛丽亚所担心的，这项新投资的库存不足。虽然她卖的牛仔裤比通常的价格便宜，但对于国家志愿者大街的消费者来说仍然相对昂贵。在卡米洛德罗姆市场，她们店铺的周围，不知名品牌的蓝色牛仔裤可以以19.99巴西雷亚尔的价格买到，而假冒品牌的蓝色牛仔裤可以以49.9巴西雷亚尔的价格买到。当消费者有购买力的时候，又没有合适她们的尺码。

事实上，当消费者前往政府新近监管的廉价购物区消费时，大多数人都在寻找低价商品。由于卡米洛德罗姆市场仍然以销售假货著称，消费者也在寻找仿制品，但通常仿制品具有所仿品牌的象征价值，其价格也略高一些。当来自低收入阶层的消费者想要购买昂贵的产品时，他们会前往大型商店，比如百货商店。在那里，他们被尊为消费者和公民，而卡米洛德罗姆市场却没有提供这样的礼遇。正如在其他情况下观察到的那样，对于来自低收入阶层的消费者而言，正是他们自己强化了自身贫困的社会状况（莱昂，2004年；皮涅伊罗－马沙多，待出版）。在这些情况下，即使附加了很高的利率，他们也会选择以分期付款的方式进行购买。玛丽亚总结道：“人们更倾向于在乌吉尼（Ughini，邻近的一家百货商店）买裤子，分八次支付50巴西雷亚尔，总共支付400巴西雷亚尔，而不是在我们店里用150巴西雷亚尔现金购买。”

与卡米洛德罗姆市场签约的设计师祝贺玛丽亚采购了新的品牌牛仔裤，这似乎表明她有改善自己生意状况的强烈愿望。作为一个专业人士，她帮助玛丽亚布置店铺，使品牌商品更加显眼。事实上，消费者对这些牛仔裤很感兴趣。他们在商店前面停下来，仔细地看了看商品，问了价格，然后得出结论：“太贵了！”米丽安向她的顾客解释说，这些牛仔裤是正宗的品牌。但米丽安的劝说没有成功，150巴西雷亚尔的价格还是令顾客望而却步。当客户意识到价格有多高时，他们脸上总会带有一种轻蔑的表情——他们认为这应该受到谴责，似乎要让玛丽亚和米丽安为自己过高的野心而感到内疚。玛丽亚失望地说："我向前迈这一步真不值。"米丽安补充说："人们不知道什么是质量，他们不明白我们的产品可以穿很多年。他们没有意识到在附近买的其他牛仔裤第一次洗的时候就会变形。"

为了解消费者对国家志愿者大街市场的反应，笔者邀请了几个青少年参与这项研究。她们是 3 个女孩，住在阿雷格里港最大的贫民窟，属于低收入家庭。她们通常在国家志愿者大街所在市区的廉价商店买衣服。姑娘们说她们对牛仔裤的购买力最多是 30 巴西雷亚尔。

笔者计算了一下当地牛仔裤的平均价格，然后问她们如果有 60 巴西雷亚尔的话，她们会选哪条牛仔裤。我们沿着整条街走，从卡米洛德罗姆市场走到两家牛仔裤工厂。笔者猜测她们会在 60 巴西雷亚尔这个价格范围内寻找质量最好和 / 或最漂亮的牛仔裤。然而，她们决定在外观与价格之间寻找最佳值。因此，她们没有购买"高质量牛仔裤"（根据商家的判断），而是选择了两条 30 巴西雷亚尔的牛仔裤。

在我们逛街的时候，她们试穿了玛丽亚在卡米洛德罗姆市场店里的牛仔裤，但是 150 巴西雷亚尔的价格远远超出了她们的社会经济现实和消费习惯。17 岁的普丽西拉向我解释道：

"最好是每个月都能买一条 30 巴西雷亚尔的牛仔裤，并且总是最新的款式，而不是买这些价格昂贵的牛仔裤（她指的是玛丽亚店里的牛仔裤），然后不得不好几个月穿同一条裤子。在学校，所有人都会看到我一直穿着同样的衣服。"

这就解释了部分客户对玛丽亚生意的反应，也是她失败的原因。相反地，其他卡米洛德罗姆市场的销售商在牛仔裤交易上没有出现任何问题。乔安娜（Joana，35 岁）离开了街头市场，她曾在那里卖棉布裤子。现在她只向青少年和年轻人卖蓝色牛仔裤。她出售的牛仔裤价格在 29.9~59.9 巴西雷亚尔，价格最高的牛仔裤是一个知名品牌卡明（Carmin）的仿制品。销量一直很好，她也没有后悔。同样的事情也发生在苏珊娜（Susana，42 岁）身上，她也决定开发牛仔服装销售，并且承认她只卖仿制品。

这两位商人的成功证明了消费者对卡米洛德罗姆市场牛仔裤交易的看法，他们仍认为这是一个以廉价和/或假冒商品为标志的购物中心。玛丽亚周围的其他商家都在出售仿制品，而她却试图出售昂贵的牛仔裤。她失败了，因为她的销售环境无法证明她出售的商品是真品的。玛丽亚周围的其他商家说：

她（玛丽亚）想要比我们其他人做得更好，现在她正在为此付出代价。她负债累累，她的牛仔裤也"搁浅"了。

玛丽亚店里的所有东西都是假货。她没有足够的资金来买卖奥斯蒙兹（*Osmoze*）品牌的裤子。而且，圣保罗还没有奥斯蒙兹牛仔裤的销售商，所以她的东西都是假货；但她认为她可以欺骗到我和我的客户。

她把女儿带来和她一起工作，想要做出许多改变。她的投资超出了她的实际支付能力。但现在的结果不如人意。

这些流言蜚语就像是一种无形且无情的力量，在一个内部的象征性系统中调节着市场，避免出现此类根本性的变化。人们对改变充满恐惧和不信任。流言蜚语是一种话语形式，揭示了一个群体的身份及其社会历史[格卢克曼（Gluckman），引自丰赛卡（Fonseca），2000年]。这反映了一种潜在的道德准则，这种准则会产生一种自发的话语或诋毁、谴责，从而实现高水平的控制。该准则能够在群体的边界巡逻，并在一定的范围内，以牺牲个人名声和荣誉为代价，拉平、降低或者提高个人的地位（丰赛卡，2000年）。通过这种方式，在这种特定背景下对牛仔服装的叙述具有教育意义。这些叙述告诉人们，适合他们的职业就是销售廉价产品或假冒商品，任何想要冒险超越这个界限的人都会受到惩罚，就像玛丽亚一样。

假货还是真货？这是问题所在

一条牛仔裤、一件宗教遗物或一件艺术品似乎具有不同类型的权威，在特定的真实性领域都有明确的定义。在每一个领域中，人们都能够区分什么是真实的，什么是虚假的（由宗教团体、鉴赏家、市场、国家来加以区分）。在资本主义全球市场中，正宗品牌是附着在具有知识产权（intellectual property rights，缩写为 IPR）的商品上的鲜明符号。品牌所有者具有市场和政治原则支撑的社会合法性。

1994 年，世界贸易组织（World Trade Organization）签署了《与贸易有关的知识产权协议》（Agreement on Trade-Related Aspects of Intellectual Property Rights，缩写为 TRIPS）。根据该协议，公司有权在特定国家诉诸法庭打击造假行为，有权向该国警察求助。在这种情况下，复制品集中体现了负面价值，被归类为违法产品。就跟在艺术领域一样，品牌拥有者有权复制真实的第一批样品。“知识产权法决定了哪些副本是授权的、合法的、真实的，哪些副本是未经授权的、非法的、假冒的，因此是违法的”[库姆（Coombe），引自范恩（Vann），2006 年]。然而，社会对这种合法性的承认并不是自发的。正如范恩（2006 年）在她的越南民族志中指出，人们对于什么是假货、仿制品、复制品、掺假货等有着不同的理解。

很明显，国家志愿者大街的消费者赋予商人不同的角色。古老而正规的商店比新的卡米洛德罗姆市场更有名气，因为前者使公民感到自己是合法世界的一部分，这在巴西这样一个不平等的社会中很重要。尽管商标界定了商品的真伪，但在大众的看法中，这些分类将被重新阐述。正如阿帕杜莱（Appadurai，1999 年）指出的那样，流动中的商品具有浮动的价值机制，在世界范围内流通的过程中会获得或者失去其真品性质。对于许多消费者来说，在卡米洛德罗姆市场销售的牛仔裤真品得不到认证，而在正规商店销售的假货却能得到。

正如我们之前注意到的，卡米洛德罗姆市场的消费者不相信玛丽亚出售的牛仔裤是真品。前街头小贩们仍然带着假货标签，他们在商业活动中的地位也被降级为这样的形象。事实上，在巴西，假货和非正规货品之间关系密切。诺罗尼亚（Noronha，2002 年）指出，非正规市场很容易被归结为其他社会属性，如不正当、非法、不公平等。通过这种方式，我们就可以理解为什么在商店里售价 29.9 巴西雷亚尔的假品牌牛仔裤会被认为比在卡米洛德罗姆市场销售的牛仔裤更合法、更公平、更正当合理。

在一家正规的牛仔服店里，我在一个标有奥斯伦（*Oslen*）品牌的展柜中看到了蓝色牛仔裤，这个标签直接让人想到巴西著名品牌奥斯克伦（*Osklen*）。当笔者向店主咨询时，他说这些牛仔裤不是奥斯克伦的仿制品，因为奥斯伦本身就是合法的商标。正如笔者在其他论文（皮涅伊罗－马沙多，2008 年）中的详细分析，像奥斯伦这类品牌的商品在打擦边球，不能立即被定性为假冒产品。[6] 把所模仿的著名品牌的名称在字母上做点变化，这就创造了一个新的品牌吗？新的形式可能为人接受，也可能引发严重的冲突。地方、国家和国际层面的努力最终会决定奥斯伦品牌的裤子是否是对奥斯克伦品牌的非法模仿。[7]

然而，商品销售的场所已经悄然解决了这种模糊性。如前所述，商品出现的场所会给予商品或多或少的合法性。公众对产品真实性的接受程度除了受到产品材料和知识产权影响外，还会受到许多其他因素的影响，其中之一就是与产品销售地相关的传统。在这种情况下，奥斯伦牛仔裤出现在一家老牌商店里，肯定会比出现在卡米洛德罗姆市场里“更具合法性”。然而，与购物中心出售的奥斯克伦（正宗品牌的正确拼写）相比，奥斯伦仍然是一种劣质的模仿。不同的权力位置定义了这些隐含的分类，其中商品的光环更多的是一种信仰，一种社会结构，一种炼金术 [布迪厄，1975 年，1980 年；埃科（Eco），1984 年]，而不是真实物品的内在元素 [本杰明（Benjamin），1980 年]。

结论

《丹宁宣言》的重点之一是对同质化的高度重视，这在某种程度上也是对平等化的强调。如果把全球丹宁项目作为一个整体来看，这是完全合理的。但是该项目还有一个基本要求——找到一种平衡本土和全球研究的新方法。这意味着我们需要在确保强调全球层面的同质化的同时，还要充分接受各个地方层面存在的差异性的新形式，这也是本文的目的所在。

在本文提出的案例研究中，廉价牛仔裤似乎是一种非常具体、几乎是专门化的产品。笔者在实地考察中发现在购买牛仔裤时需要更加小心和注意，因为需要花费更长的时间来挑选，所以商店应该备更多的库存。牛仔裤被视为特殊和非凡的商品，正因如此，街头小贩总是认为在自己被人为地“提升”到更高的正规经济地位之前，就不应该囤积牛仔裤。

另一个重要观点在于，在官方对这些经济地位进行转变时，牛仔裤发挥了显著的补充作用。毕竟，该州强迫商贩将销售地点改为汽车站周围的固定位置时，从未对摊贩说过要他们改变对于牛仔裤销售的立场。而本篇文章提出的是，摊贩们不由自主地在经营范围上做出了进一步的转变。造成这种结果的原因并不是牛仔裤的任何材质，而是因为他们感觉到牛仔裤处于社会和地位差异的中心。这意味着他们在某种意义上与新环境格格不入，除非他们也开始储备牛仔裤。正如本文所示，这一过程是辩证的，也产生了一种矛盾，而那些不向销售正规牛仔裤（更确切地说，是销售昂贵牛仔裤）的商家妥协的消费者反过来感觉到了这种矛盾。

那么，关键是要把牛仔裤看作一种物化的方式。我们先来看一个矛盾：该州在空间上使商贩与其他类型的商人形成对比，将这些商贩置于不恰当的位置。由于这个矛盾，该州扰乱了一个象征性的连续体。看到这个矛盾对牛仔裤销售的影响时，该矛盾的性质和程度变得更加清晰和详细，因为牛仔裤本身在当今巴西社会中具有强大的象征地位。

大多数情况下，我们认为商业人类学研究的是经济主体如何操纵商品的象征性质，以牺牲消费者的利益为代价获利。但是本篇文章中，无论是选择商品的消费者，还是销售商品的摊贩，似乎都不能充当经济主体，当然在经济学家的理性计算中也是如此。恰恰相反，他们所有人看到的是那些为了表现某些矛盾而被操纵的物品——这些物品制造了这些矛盾，而不是解决了这些矛盾。如果有什么区别的话，那就是牛仔裤在这里发挥着强有力的作用，强行将自身作为不管你想不想卖都得卖的产品，而牛仔裤由此表现出来的矛盾让买家对牛仔裤感到困惑。

本文开头提出，要坚持把重点更多地放在牛仔裤零售的经济层面，而不是牛仔裤象征文化形式（如同质性）的方式，主要目的是挑战《丹宁宣言》的论点。但是在本文的结尾，我们发现所谓的“经济”绝不是操纵象征性的自主力量。相反，商品本身所具有的更广泛的潜力会制约并构建经济。我们还发现人们甚至不能从经济逻辑的角度来“看待”这些牛仔裤——但是，同样的牛仔裤被小商贩售出的价格比看起来更昂贵的商店所售价格更低，此时，这种经济逻辑似乎是很清晰的。总而言之，本文证明牛仔裤是一种能够控制经济关系的商品，通过这种关系，牛仔裤对销售者和购买者而言都具有特殊的意义。

注释

① 阿雷格里港是一个大约有 400 万居民的大都市。

② 来源：各城市官方网站。

③ 在之前一门完全不同的课程中，笔者已经使用过博士论文中的全球商品链理论和方法，在此期间，笔者跟踪了一条从中国到巴西的商品链。

④ 所有信息提供者的姓名已更改或隐去。

⑤ 在国家志愿者大街市场出售的大部分牛仔裤来自一个巴西牛仔服中心锡亚诺蒂市。许多商人也从圣保罗进货。

⑥ 我在研究期间发现的其他例子：品牌为 Cucci、Dolex 和 Coss 的手表，而不是 Gucci、Rolex 和 Boss 品牌。

⑦ 根据《与贸易有关的知识产权协议》制定的规则，公司可以在世界贸易组织成员国向法院申请惩罚非法仿制行为。但各国对知识产权的观念不同，容忍程度也不同，因此，国家控制并不是一个自发的行动。简而言之，在不同的环境，奥斯伦品牌可能被认为是对奥斯克伦品牌的仿制，也可能被认为不是仿制。

参考文献

[1] Appadurai, A.(1999), 'Introduction: Commodities and the Politics of Value', in A. Appadurai (ed.), *The Social Life of Things, Commodities in Cultural Perspective*, Cambridge: Cambridge University Press.

[2] Benjamim, W.(1980), 'A obra de arte na época de suas técnicas de reprodução', in Benjamin, W., *Os Pensadores*, São Paulo: Abril Cultural, pp. 4–28.

[3] Bestor, N.(2000), 'How Sushi Went Global', *Foreign Policy*, 121: 54–63.

[4] Bourdieu, P.(with Yvette Delsaut)(1975), 'Le couturier et sa griffe: contribution à une théorie de la magie', *Actes de la Recherche en Sciences Sociales*, 1: 7–36.

[5] Bourdieu, P.(1980), 'The Production of Belief: Contribution to an Economy of Symbolic Goods', *Media, Culture and Society*, 2: 261–293.

[6] Eco, H.(1984), *Viagem na irracionalidade Cotidiana*, Rio de Janeiro, Nova Fronteira.

[7] Elias, N.(2000), *Os Estabelecidos e os Outsiders*, Rio de Janeiro: Jorge Zahar.

[8] Fonseca, C.(2000), *Família, Fofoca e Honra. Etnografia de Relações de Gênero e Violência em Grupos Populares*. Porto Alegre: Ed. Universidade/UFRGS.

[9] Foster, R.(2006), 'Tracking Globalization: Commodities and Value in Motion', in C. Tilley, W. Keane, S. Kuechler, M. Rowlands, P. Spyer (eds), *The Sage Handbook of Material Culture*, London: Sage, pp. 285–302.

[10] Franco, S.(1998), *Porto Alegre*, Porto Alegre: Editora da Universidade.

[11] Freidberg, S.(2004), *French Beans and Food Scares: Culture and Commerce in an Anxious Age*, New York: Oxford University Press.

[12] Geertz, C.(1979), 'Suq: The Bazaar Economy in Sefrou', in C. Geertz, H. Geertz and L. Rosen (eds), *Meaning and Order in Moroccan Society*, Cambridge: Cambridge University Press.

[13] Hughes, A.(2001), 'Global Commodity Networks, Ethical Trade and Governability', *Transactions of the Institute of British Geographers*, New

Series, 26(4): 390–406.

[14] Leitão, D.(2004), LEITÃO. *Roupa pronta é roupa boa: reflexão sobre gosto e hábitos de consumo de produtoras e consumidoras de uma cooperativa de costuras*. Paper presented at 24th Reunião Brasileira de Antropologia, Olinda, Brazil.

[15] Leitão, D.(2006), Brasilidade à moda da casa, doctoral thesis presented at Federal University of Rio Grande do Sul, Porto Alegre, Brasil.

[16] Miller, D.(2006), 'Consumption', in C. Tilley, W. Keane, S. Kuechler, M. Rowlands, P. Spyer (eds), *Handbook of Material Culture*, London: Sage.

[17] Miller, D. and Woodward, S.(2007), 'Denim Manifesto'. *Social Anthropology/Anthropologie Sociale*, 15(3): 335–351.

[18] Mizrahi, M.(2007), 'Indumentária funk: a confrontação da alteridade colocando em diálogo o local e o cosmopolita', *Horizontes Antropológicos*, 13(28): 231–262.

[19] Noronha, E.G.(2003), 'Informal, ilegal, injusto: percepções do mercado de trabalho no Brasil', *Brazilian Review of Social Sciences*, 18(53): 111–129.

[20] Pinheiro–Machado, R.(2008), 'China–Paraguai–Brasil: uma rota para pensar a economia informal', *Brazilian Review of Social Sciences*, 23(67): 117–133.

[21] Vann, E.(2006), 'Limits of Authenticity in Vietnamese Consumer Markets', *American Anthropologist*, 108(2): 286–296.

[22] Zieger, C.(2007), *Favored Flowers*, Durham, NC: Duke University Press.

索引